AF591834

DE L'AGRICULTURE

ET

DES ENGRAIS MODERNES

PAR PICHELIN FRÈRES

AGRICULTEURS ET FABRICANTS D'ENGRAIS,

A LA MOTTE-BEUVRON

(LOIR-ET-CHER).

DEUXIÈME ÉDITION.

IMPRIMERIE CHENU, RUE CROIX-DE-BOIS, 21.

1863.

DE L'AGRICULTURE

ET

DES ENGRAIS MODERNES

PAR PICHELIN FRÈRES,

AGRICULTEURS ET FABRICANTS D'ENGRAIS,

A LA MOTTE-BEUVRON

(LOIR-ET-CHER)

DEUXIÈME ÉDITION.

ORLÉANS,

IMPRIMERIE CHENU, RUE CROIX-DE-BOIS, 21.

1863.

I.

AVANT-PROPOS.

> Les engrais sont au mouvement agricole ce qu'est la vapeur au mouvement mécanique.
>
> X****

« Rendre à la terre (1) des matières azotées et des « phosphates terreux, tel fut essentiellement le pro- « gramme de la théorie ; tel est aussi celui auquel une « pratique déjà longue semble s'être arrêtée pour les « cultures les plus importantes.

« Un commerce immense d'engrais artificiels s'est « fondé sur ces principes. Son développement s'accroît « sans cesse. Tous les esprits éclairés y voient l'avenir « de l'agriculture. »

Jamais plus grande vérité, peut-être, ne fut émise par un homme plus éminent, plus désintéressé, plus expert dans la question.

Oui, les fabriques d'engrais de bon aloi sont les auxi-

(1) Extrait du rapport de M. Dumas du 8 août 1851, à une commission de l'Assemblée législative.

liaires désormais indispensables du progrès de l'agriculture. Mais, pour rentrer complètement dans le programme de M. Dumas, il faut que ces établissements soient agricoles avant tout ; c'est-à-dire que leur destination doit être agricole avant d'être un moyen de prospérité pour l'industriel.

Fabricants d'engrais depuis 1857 à la Motte-Beuvron, c'est ainsi que nous avons compris notre mission : notre fabrication a toujours eu pour objet de livrer à la culture des produits appropriés à ses besoins, et aux meilleures conditions possibles.

A l'époque où nous sommes entrés dans l'arène, le métier de fabricant ou de marchand d'engrais était tombé bien bas, dans certaines contrées ; la déloyauté et l'ignorance avaient amené la défiance et le discrédit.

Cependant, il y avait encore place pour de grands services à rendre à l'agriculture et pour l'honorabilité. Nous pouvons dire aujourd'hui, que nous fûmes du petit nombre de ceux à qui il fut donné d'atteindre ce double but. Mais, pour cela, il n'y avait pas deux moyens ; un seul était possible, et nous en profitâmes ; c'était de bien faire, de bien vendre et de livrer de même : nous n'y avons jamais failli.

Nous avons compris qu'il importait de nous mettre au-dessus de la concurrence par la supériorité de nos produits ; — du premier coup, ceux-ci se sont placés au premier rang ; et depuis lors ils l'ont toujours gardé.

Nous avons fait plus :

Comme les insuccès pouvaient aussi bien provenir de l'ignorance des cultivateurs que de celle de certains marchands ou fabricants d'engrais, ou de la mauvaise foi de certains autres, nous avons dû nous mettre en garde contre ces diverses causes d'échec. A cet effet, chaque année, nous avons publié une notice et des circulaires destinées à faire connaître :

la nature et la spécialité de chacun de nos produits,
leur composition chimique garantie sur analyse,
le mode de leur emploi,
et leur prix de vente, d'après des tarifs invariables.

Dans ces notices annuelles, nous nous sommes attachés à donner aux agriculteurs des renseignements propres à les soustraire aux moyens frauduleux employés pour les tromper; nous leur avons dit de quelles précautions ils doivent s'entourer et quelles garanties ils doivent exiger de leurs vendeurs. Enfin, nous nous sommes appliqués à leur enseigner les meilleures méthodes pour l'emploi des divers engrais de nos usines.

Cette année, comme par le passé, nous venons remplir notre tâche habituelle, en publiant les quelques pages qui vont suivre, et en les offrant à nos clients, à nos amis.

Personne plus que nous n'attache de l'importance à ce que les agriculteurs soient éclairés sur la valeur réelle des engrais que le commerce et l'industrie peuvent leur offrir. Notre intérêt est engagé à ce que la lumière se fasse. Il est nécessaire, et il est temps, enfin, que l'on sache dans les campagnes et partout que le titre de MARCHANDS D'ENGRAIS a cessé d'être synonyme de l'épithète de VOLEURS ; et, comme l'a dit quelque part un écrivain sensé, de VOLEURS DE LA PIRE ESPÈCE. Il est temps qu'on sache que, s'il est encore dans le troupeau quelques brebis galeuses, à qui cette épithète puisse et doive être appliquée, il en est d'autres, en même temps, qui savent mériter le titre d'amis du progrès agricole et du succès du cultivateur.

Du reste, si l'ignorance des agriculteurs, en matière d'engrais, est un moyen de prospérité pour la fraude, nous savons qu'elle n'est, le plus souvent, qu'un obstable à l'industrie honnête.

Constatons un fait, cependant, c'est que cette ignorance disparaît chaque jour et fait place, dans les classes agricoles, à une éducation de plus en plus généralisée, solide, rationnelle.

Remercions-en les hommes de la science, MM. Bobierre, Barral, Malaguti, Jamet, Victor Borie, Isidore Pierre, et tant d'autres qui, par leurs travaux, par leurs publications, ont su nous instruire, démasquer la fraude, mettre les industries loyales en évidence, et porter la lumière jusqu'au fond des campagnes.

Remercions aussi M. Rohart pour son Guide de la fabrication des engrais, et M. Gaucheron, l'auteur des leçons de chimie agricole au Comice d'Orléans.

C'est grâce à eux, éclairés par leurs leçons, dirigés par leurs conseils, et guidés par les judicieuses observations de nos praticiens les plus habiles, que nous sommes parvenus à nous initier à leurs doctrines, à comprendre les besoins de notre agriculture, et à composer, pour y satisfaire, des engrais d'une efficacité désormais éprouvée, reconnue, et en rapport avec ces mêmes besoins, au triple point de vue des exigences des diverses conditions de terrains, de celles de la récolte, et de celles non moins impérieuses de l'économie dans la dépense.

Si, de cette façon, nous sommes parvenus à rendre quelques services à l'agriculture de notre pays, c'est à eux que l'honneur en revient, et nous sommes heureux de pouvoir leur en offrir l'hommage en même temps que l'expression de notre vive reconnaissance.

La Motte-Beuvron, le 1er mai 1863.

PICHELIN Frères.

II.

DE L'AGRICULTURE MODERNE.

> Labourage et pastourage sont les deux mamelles de l'Etat.
>
> SULLY.

L'Agriculture est la science des grandes métamorphoses: par elle la nature morte renaît au mouvement, à la circulation, à la vie; par elle, les débris mêmes des animaux et des végétaux se transforment, et deviennent de nouveaux végétaux et de nouveaux animaux. Le tout pour satisfaire aux nombreux besoins de l'homme.

Considérée à ces divers points de vue, l'Agriculture est donc le premier et le plus utile de tous les arts, et la plus grande source de toutes les industries. Son origine est aussi vieille que le monde; et l'histoire de son développement, qui se confond avec celle de la progression des peuples, est la conséquence immédiate des besoins que cette progression a fait naître, comme elle est l'expression de leurs mœurs et de leur civilisation.

En effet, nous la voyons florissante et prospère chez

les nations civilisées, mais délaissée et comme proscrite chez les tribus arriérées.

Les hommes de bien les plus éclairés et les gouvernements sages de tous les temps et de tous les lieux, ont toujours compris les bienfaits de l'Agriculture, et, toujours, en ont protégé le développement. Mais à aucune époque elle n'a atteint le degré d'importance que nous lui voyons de nos jours. C'était au XIXe siècle qu'il appartenait de lui ouvrir les larges voies du progrès où elle est si résolûment entrée.

Jamais on n'a vu, comme aujourd'hui, tant d'hommes d'élite se vouer à l'Agriculture, tant d'hommes de science joindre les efforts de leur talent à l'expérience des praticiens, et tant de Sociétés savantes se réunir, pour propager les doctrines d'un progrès sage et mesuré, imprimer le mouvement en avant, et entraîner, par la force de l'exemple et des faits accomplis, la masse des populations agricoles dans les voies nouvelles de la prospérité et du bien-être.

C'était à notre génération qu'était réservée la solution si difficile du problème de L'ÉQUILIBRE ENTRE LA PRODUCTION ET LA CONSOMMATION.

Pour atteindre ce résultat, deux moyens étaient offerts : le premier, c'était d'augmenter la fertilité de nos terres cultivées d'ancienne date, à l'aide de méthodes de culture plus rationnelles, et avec des fumures plus considérables et plus complètes ; le deuxième moyen consistait dans la mise en valeur des terrains incultes. C'était nous qui devions les premiers, avec succès, grâce à la découverte et à l'application d'engrais spéciaux, inconnus jusqu'alors, introduire la charrue dans les landes de la Bretagne, de la Gascogne, de la Brenne, de la Sologne et de tant d'autres contrées du centre de la France ; c'était nous qui devions voir ces plaines, jadis si pauvres, si stériles, si insalubres, se transformer en riches pâturages, en fertiles guérets.

Voilà la tâche, le caractère et le but de l'AGRICULTURE MODERNE. Elle saura se mettre à la hauteur de sa mission, pourvu qu'elle ait des engrais convenables et en quantité suffisante.

En agriculture, les engrais sont tout : sans eux, pas de récoltes ; avec eux, l'abondance et le succès. C'est là une vérité connue de tous.

Mais, QUE SONT LES ENGRAIS ? — QUE DOIVENT-ILS ÊTRE ? — OU SE LES PROCURER ? — Telles sont les questions que nous nous proposons d'examiner.

III.

DES ENGRAIS EN GÉNÉRAL.

DE LEUR CONSTITUTION. — DE LEURS SPÉCIALITÉS. — DE LEURS CARACTÈRES. — RÔLE DU PHOSPHATE ET DE L'AZOTE. NÉCESSITÉ DES ENGRAIS SPÉCIAUX.

Rien de rien.
LECOUTEUX.

QUE SONT LES ENGRAIS ?

— Les engrais sont la partie substantielle de la nourriture des végétaux. Si la terre en était une fois dépourvue, la végétation serait bientôt nulle.

QUE DOIVENT-ILS ÊTRE ?

— « Interrogez les plantes — » a dit un célèbre agronome — » et elles vous répondront. » — Et les plantes ont été interrogées par ceux-là mêmes qui savent les faire parler. — Et ceux-là s'appellent Dumas, Boussingault, Elie de Beaumont, Payen, Bobierre, Liébig, Barral, Malaguti, Isidore Pierre, etc., etc. — Et les plantes ont répondu que « la base de la nourriture qu'elles « puisent dans les engrais, c'est le PHOSPHATE et l'AZOTE,

« quand on sait leur présenter ces deux éléments dans « un état convenable d'assimilation, et assaisonnés des « sels de chaux, de soude, de potasse et de magnésie : »

— Phosphate et azote assimilables : — Voilà donc ce que doivent être les engrais.

Ou se les procurer ?

— Telle est la 3e question que nous avons posée. — La principale source d'engrais, la seule à laquelle durant des siècles on a puisé ; la plus importante de toutes, en raison des quantités considérables qu'elle fournit, en raison des nombreux éléments constitutifs que ces masses contiennent, et en raison, surtout, de l'état d'heureuse association chimique et physique où ces éléments se trouvent engagés, c'est, sans contredit, le fumier de ferme.

Si la culture pouvait fabriquer assez de fumier par elle-même, les autres engrais pour les vieilles terres arables n'auraient pas grande raison d'être ; mais il n'en est pas ainsi et il ne peut pas en être ainsi. Pour que la culture fabrique assez d'engrais par elle-même, il faudrait que le cultivateur pût rendre aux sols cultivés tout ce qu'il leur a enlevé par la production de ses récoltes et par celle de ses animaux.

Or, les produits d'un domaine sont-ils restitués en totalité aux terres de ce domaine ? Non, évidemment ; une partie notable en est distraite pour toujours, sous la forme de grains conduits au marché ; de viandes, d'os et de sang qui vont à la boucherie ; de lait et de beurre servant à l'alimentation étrangère ; et de laines livrées au commerce ou à l'industrie. L'excédant seulement reste sur l'exploitation, est converti en fumier et est censé restitué au sol.

Il en résulte, évidemment, entre ces prélèvements et les restitutions, une différence telle, que l'épuisement des terres les plus riches en serait infailliblement la conséquence, si l'on n'y pourvoyait par tous les moyens que la nature a su nous ménager et que la science a mis à notre disposition.

Cependant, il n'est pas donné au cultivateur, simple transformateur de récoltes en engrais et d'engrais en récoltes, de créer pour son domaine, et en dehors des ressources de son domaine, les engrais azotés et phosphatés destinés à remplacer l'azote et le phosphate qu'il en a distraits par l'exportation des produits vendus.

Il faut qu'il les demande au dehors ; et c'est afin de les lui procurer à des conditions possibles que les fabriques d'engrais se sont fondées.

Désormais, les produits de ces fabriques sont indispensables à la culture ; ils sont le complément du fumier de ferme, dès que celui-ci ne suffit plus, et suivant que l'on considère la question à un point de vue quelconque de l'une de ces quatre grandes situations agricoles.

1° Rétablissement de la fertilité dans les sols appauvris ou épuisés ;

2° Entretien de cette fertilité (AGRICULTURE EXTENSIVE) ;

3° Augmentation de cette fertilité avec production maximum de récoltes (AGRICULTURE INTENSIVE) ;

4° Mise en valeur des sols neufs de bruyères et de landes.

Rapporter dans les fermes les matières fertilisantes que le commerce agricole en a éloignées, présenter ces matières sous une forme qui les rende facilement assimilables, et rétablir, par leur apport, la fertilité appauvrie ou détruite des terres : tels sont, au premier chef, le rôle et les effets des divers produits des usines que nous avons créées à La Motte-Beuvron, dans la Meuse et dans les Ardennes, et que nous avons affectées à la préparation des engrais azotés et phosphatés et au traitement des phosphates minéraux.

S'agit-il d'un cultivateur débutant sur une exploitation où le fumier n'existe pas en quantité suffisante ou manque absolument, et sur laquelle il lui faudrait de si longues et si difficiles années, pour mettre son domaine en état de fournir une production qui répondît aux légitimes espérances de son activité et de son intelligence ? Nos engrais sont là pour lui abréger la longueur de la route et lui assurer un succès que, sans eux, il aurait en vain poursuivi.

S'agit-il aussi d'un cultivateur qui se trouverait dans une position diamétralement opposée ; c'est-à-dire qui voudrait porter ou entretenir sa terre au plus haut degré de production ? Il ne pourrait encore le faire sans recourir aux engrais étrangers. — Que ceci soit bien entendu, — lisons-nous, à cet égard, dans le Journal d'Agriculture pratique, sous la signature de M. Lecouteux, qui est en même temps l'un de nos écrivains les plus distingués et l'un de nos agronomes les plus expérimentés, — « que ceci « soit bien entendu, dit-il, la culture intensive n'est pas « la culture par le fumier seulement ; elle est la culture « par tous les engrais a bon marché, qui sont utiles aux

« divers sols et aux diverses récoltes. Elle ne demande pas « à un engrais d'où il vient : elle lui demande où il va, « ce qu'il dose, ce qu'il coûte, ce qu'il produit, ce qu'il « dure dans le sol. Mais, entre les ENGRAIS ACTIFS, entre « les ENGRAIS SPÉCIAUX, dont elle se sert pour un temps « limité et une destination toute spéciale, et les FUMIERS, « qu'elle emploie dans un but complexe, elle fait une « distinction importante. Pour elle, le fumier est un en- « grais essentiellement foncier, un ENGRAIS-AMENDEMENT, « agissant sur les propriétés physiques du sol, un engrais « contenant une très-notable partie des matières orga- « niques et minérales utiles aux plantes : et, par ces « motifs, elle place les fumiers au premier rang de ses « moyens de fertilisation. Mais, pour elle aussi, les « fumiers ne pouvant restituer au sol QU'UNE PARTIE de la « matière première que celui-ci a fournie aux récoltes, « il faut, pour mettre à la portée des plantes toutes les « substances nécessaires à leur alimentation souterraine, « recourir à une catégorie d'ENGRAIS SUPPLÉMENTAIRES de « haut titrage, les uns très-riches d'azote, les autres très- « riches de matières minérales solubles. Voilà, dans cet « ordre d'idées, la véritable culture intensive ; celle-là « a su profiter des enseignements de la chimie ; celle-là « connaît l'empire les circonstances économiques ; celle-là « a le droit de dire qu'elle améliore le sol, car elle sait « lui rendre plus qu'elle ne lui a pris. »

— « Qui veut la fin doit vouloir les moyens, » — dit-il ailleurs, c'est-à-dire que, pour avoir beaucoup, il faut donner, ou plutôt il faut rendre relativement.

En présence d'une définition si précise et si séduisante de la culture intensive et de ses moyens d'action, basés sur les effets actifs des engrais artificiels unis aux fumiers de ferme en quantité suffisante ; en présence des beaux résultats obtenus sous nos yeux, à l'aide de ce procédé, nous nous sommes demandé si la petite et la moyenne culture, qui gravissent les divers degrés de l'échelle du progrès agricole, au haut de laquelle trône la culture intensive, ne trouveraient pas les mêmes avantages, proportions gardées, à employer, elles aussi, les engrais qu'elles achètent pour subvenir à l'insuffisance de leurs fumiers, d'une façon analogue, en les semant sur le sol au moment d'y écarter le fumier. Les essais auxquels nous nous sommes livrés personnellement, et ceux qui ont été tentés dans notre clientèle, ont suffisamment répondu à notre attente, pour que nous engagions les cultivateurs, qui achètent des guanos artificiels ou naturels et des phosphates minéraux, quelle qu'en soit d'ailleurs la provenance, à les unir à leurs fumiers, de façon que chaque pièce de terre reçoive en même temps, et l'engrais acheté, et le fumier produit. Cette méthode est préférable à celle généralement pratiquée, qui consiste à employer, ici le fumier sans guano, là, le guano sans fumier : par leur réunion, ces deux engrais s'excitent, s'activent, se complètent, et les récoltes, le terrain et la bourse du cultivateur s'en trouvent mieux.

Mais cette digression, que nous n'avons faite, du reste, que dans l'intérêt bien entendu des agriculteurs, nous a quelque peu éloignés de notre sujet principal ; nous nous empressons d'y rentrer.

Nous avons vu que les engrais commerciaux sont nécessaires à la culture, lorsqu'il s'agit :

1° DU RÉTABLISSEMENT DE LA FERTILITÉ DANS LES SOLS APPAUVRIS OU ÉPUISÉS ;

2° DU MAINTIEN DE CETTE FERTILITÉ AVEC PRODUCTION DE RÉCOLTES (Agriculture extensive) ;

3° ET DE L'AUGMENTATION DE CETTE FERTILITÉ AVEC PRODUCTION MAXIMUM DE RÉCOLTES (Agriculture intensive).

Il nous reste maintenant à établir leur caractère d'indispensabilité lorsqu'il s'agit de défrichements de landes. Ce quatrième et dernier point de vue est celui sous lequel la question est le plus facile à envisager, parce qu'il est le plus généralement connu : en effet, dès qu'il s'agit de défrichements de landes, chacun sait qu'il n'y a pas à hésiter : les terres de bruyères, riches en matières organiques acides, manquent de phosphate, il faut leur en procurer si l'on veut obtenir des récoltes ; et, dès-lors, s'adresser aux engrais qui en contiennent à haute dose. Or, il est constant aujourd'hui que le fumier de ferme cède ici le pas au NOIR ANIMAL et au PHOSPHATE FOSSILE. Du reste, pour tirer partie du fumier, dans ces circonstances, il faudrait l'associer de suite, soit à la marne, soit à la chaux ; mais cette pratique nécessite une première mise de fonds considérable, et n'aboutit jamais qu'à un résultat bien inférieur à celui que l'on aurait obtenu par l'emploi du noir animal ou du phosphate pulvérisé.

Et puis, ne l'oublions pas, les fumiers sont trop rares pour être employés en pareil cas : c'est là un fait acquis. Le fumier ! mais c'est précisément ce qui nous manque ! Et, déjà, si les vieilles terres ne reçoivent que des fumures incomplètes, gardons-nous d'aggraver encore le mal en augmentant l'étendue déjà trop grande des terres à petites fumures.

Le défrichement bien entendu, celui que nous conseillons, doit être un moyen nouveau de production, et, par conséquent, d'amélioration de toutes les terres, des vieilles comme des nouvelles. Nous ne comprenons pas autrement le rôle des engrais azotés et phosphatés, appliqués aux sols des landes : loin de détourner les fumiers de leur emploi aux anciennes terres, ils ont à faire produire aux sols neufs de nouvelles et abondantes récoltes, et, par là créer, pour ainsi dire, de nouvelles sources d'engrais.

Ainsi donc :

Aux défrichements des landes, des bruyères et des bois : — LE NOIR ANIMAL OU LE PHOSPHATE FOSSILE PULVÉRISÉ ;

Aux vieilles terres arables : — DU FUMIER, — ou mieux, — DU FUMIER ET DU PHOSPHATE, — et à défaut, — DES ENGRAIS COMMERCIAUX RICHES EN AZOTE ET EN PHOSPHATE ASSIMILABLES ;

Tel est le Guano de La Motte.

IV.

DES DÉFRICHEMENTS & DES ENGRAIS SPÉCIAUX.

LE NOIR ANIMAL ET LE PHOSPHATE FOSSILE.

> L'idée d'appliquer le phosphate des os à la culture est une de celles que la Providence envoie à l'homme quand elle veut lui rappeler qu'elle ne cesse de veiller sur lui.
>
> MALAGUTI.

Nous avons vu que, pour amener une terre de bruyère en bonne culture, le noir animal et le phosphate fossile sont les engrais par excellence. Il y avait longtemps déjà que les propriétés du noir animal étaient connues dans la Bretagne et dans la Brenne, quand les agriculteurs de la Sologne et de diverses autres contrées du centre de la France se prirent à en essayer sur leurs défrichements : les résultats en furent si satisfaisants, qu'aujourd'hui il n'est plus besoin d'en conseiller l'emploi. Les essais tentés dans les mêmes conditions, avec la poudre de phosphate fossile, sont beaucoup plus récents ; mais les résultats obtenus sont si concluants, que l'on peut dire aujourd'hui que ces deux agents de fertilité sont destinés à marcher de pair dans les défrichements, et qu'ils sont, l'un et l'autre, indispensables dans ces opérations, si l'on veut travailler avantageusement.

Défricheurs nous-mêmes, et placés en Sologne au milieu de toute une province en voie de défrichement, nous croyons être en mesure de pouvoir fournir, sur le mode d'opérer en cette matière, des renseignements utiles à ceux qui ne seraient pas encore suffisamment éclairés à ce sujet.

Voici comment nous procédons :

En première année, — à la fin de l'automne, alors que les pluies sont venues détremper le sol, nous attaquons la lande par un labour de 25 centimètres de profondeur : quatre chevaux de moyenne force ou trois paires de bœufs suffisent pour verser 40 ares de landes par jour. Nous nous servons, pour ce labour, d'une bonne charrue Dombasle, et de préférence de l'araire, qui, n'ayant pas d'avant-train, glisse mieux sur la lande.

Ce labour terminé, le seul qu'il soit nécessaire de faire, il faut pratiquer de petites rigoles d'assainissement afin d'avoir, tout l'hiver, un terrain parfaitement sain : de cela dépend souvent le succès de l'opération.

Une fois la lande ainsi retournée et assainie, il n'est plus besoin d'y rentrer qu'au mois de mai, afin d'y pratiquer deux vigoureux hersages en long.

En juillet, on procède à un troisième hersage en travers.

Enfin, en septembre ou octobre, on sème le noir à la volée, à raison de 5 hectolitres à l'hectare, ou le phosphate, à raison de 500 kilos, puis le grain (seigle ou avoine d'hiver), et l'on recouvre le tout par deux coups de herse en travers. On termine en pratiquant avec soin les raies d'écoulement pour l'assainissement complet du sol pendant l'hiver suivant.

V.

RÉSULTATS DES DÉFRICHEMENTS.

FRAIS.

> La meilleure opération agricole est celle qui donne le produit net le plus élevé, tout en améliorant le domaine.
>
> MATHIEU DE DOMBASLE.

Il nous reste, pour compléter nos renseignements, à propos des défrichements, à établir la dépense de la mise en valeur, et à la comparer avec le revenu.

Pour arriver à des chiffres exacts autant que possible, il faut savoir à combien revient un attelage de quatre chevaux et deux hommes opérant sur un hectare de défrichement. M. Lecouteux, l'ancien directeur de l'Institut agronomique de Versailles, membre de la Société impériale et centrale d'Agriculture, et maintenant notre voisin à La Motte-Beuvron, qui se livre depuis quatre ans aux défrichements sur une grande échelle, dans sa terre de Cerçay, estime à 16 francs la journée d'un attelage de quatre chevaux avec leurs charretiers (1). C'est ce chiffre qui nous servira de base pour évaluer notre prix de revient.

Un attelage, ainsi composé, nous l'avons vu plus haut, peut défricher 40 ares par jour; faisant le calcul, nous trouvons :

Pour labourage d'un hectare	40 fr.
Usure et réparation du matériel	3
2 hersages en mai, à 3 fr. l'un.	6
1 id. en juillet.	3
2 id. en septembre, en semant le noir et le grain.	6
1 dernier hersage léger en travers	3
Raies d'écoulement	3
Semence : 2 hectolitres seigle à 12 fr. l'un. .	24
Noir azoté, 1re qualité, 5 hectolitres à 14 fr., tout semé (2).	70
Frais de moisson	15
Rentrée des gerbes, meules, etc.	15
Battage et emmagasinage.	28
Loyer, frais généraux, impôts.	20
Total des dépenses . . .	236 fr.

(1) Pour plus amples renseignements, MM. les Agriculteurs pourront consulter avec fruit l'excellent ouvrage de M. Lecouteux, intitulé : *la Culture améliorante*, deuxième édition, 1 volume, 3 fr. 50, que l'on trouve à Paris, rue Jacob, 26.

(2) Ce prix est applicable aux propriétés qui environnent La Motte. Il y a, par conséquent, la différence pour transport à ajouter au chiffre de 70 fr., selon que la distance est plus ou moins grande.

Mais si, au lieu de noir animal, on employait 500 kilogrammes de phosphate fossile à 7 fr. les 100 kilog., cette dépense serait réduite à 35 fr. par hectare.

Ce chiffre peut paraître élevé au premier abord ; mais en y regardant de plus près, on voit que le déboursé est loin d'être aussi important.

En effet, tout propriétaire et fermier, possédant un personnel et un matériel suffisant peut, sans augmenter ses frais, opérer des défrichements en hiver, époque de l'année où les travaux des champs sont interrompus, et durant laquelle il n'en serait pas moins tenu de nourrir ses chevaux, et entretenir et payer son personnel qui ne rapporterait rien.

En les employant aux défrichements, même à petite journée, il gagnera son temps et améliorera son domaine, sans avoir d'autres déboursés à faire que ceux relatifs à l'achat des 70 fr. de noir, ou 35 fr. de phosphate fossile, et aux frais de semences, de moissons et de battage.

Néanmoins, prenons comme frais le chiffre 236 fr. et voyons à quel résultat nous arriverons.

Produits :

Un hectare de landes ainsi traité peut donner

25 hectolitres seigle à 12 francs. .	300 fr.	400 fr.
5 à 600 gerbes paille, en bloc. . .	100	
Bénéfice net de la première année. . .		164 fr.

Pour la deuxième année, —deux manières de faire :

la première consiste à donner deux coups de scarificateurs et deux hersages aussitôt la moisson terminée :

Ces deux opérations coûtent à peine	16 fr.	166 fr.
Semences de colza, 6 litres, semés .	2	
Noir animal (1), 4 hectolitres à 14 fr.	56	
Rigoles d'assainissement, frais de moisson, battage, loyer, etc., comme pour les grains	92	

Produits :

15 hectolitres de colza à 30 fr., l'un. . . . . 450 fr.

Reste, bénéfice de la deuxième année . . . 284 fr.

Ou encore : labourer de nouveau et semer froment, seigle ou avoine d'hiver, avec 3 hectolitres de noir animal ou 300 kilogrammes de phosphate fossile, et continuer ainsi plusieurs années, sans qu'il soit besoin de faire d'autres dépenses de chaux, marne, fumier, etc. — On peut encore, pour la deuxième ou la troisième année, s'appliquer à la production des fourrages, et notamment des ray-grass ; ceux-ci amènent les fumiers, et, par les fumiers, on arrive au but : L'ACCROISSEMENT GÉNÉRAL DE TOUTES LES RÉCOLTES ET LA RÉDUCTION DE LEUR PRIX DE REVIENT.

(1) Ou 400 kilogramme de phosphate fossile à 7 fr. les 100 kilogrammes, 28 fr.

VI.

DU CHOIX DES ENGRAIS SPÉCIAUX

A BASE DE PHOSPHATE,

ET DE LEURS FALSIFICATIONS.

Il faut que la lumière se fasse

X****

Mais, pour atteindre les résultats que nous venons d'établir, il est bien entendu que l'on aura tout fait pour obtenir UN MAXIMUM de récoltes, et que le noir dont on se sera servi réunira toutes les qualités voulues pour produire ce MAXIMUM.

Or, quelles doivent être ces qualités?

C'est ici un point sur lequel il est important d'appeler l'attention des cultivateurs. C'est d'autant plus utile qu'il est peu d'industries, croyons-nous, qui aient été l'objet de falsifications aussi nombreuses, et de trafics aussi honteux, aussi déloyaux, aussi préjudiciables aux intérêts agricoles que le commerce du noir animal. Nous ne pouvons mieux faire que de signaler ici l'opinion, en cette matière, de M. A. Bobierre, le savant chimiste-vérificateur des engrais à Nantes, opinion qu'il exprime et qui est le résumé d'un rapport remarquable qu'il vient de faire paraître et d'adresser à M. le Conseiller d'État, Préfet de la Loire-Inférieure. Nous engageons tous les cultivateurs intéressés dans la question à consulter ce rapport.

« Avant de conclure, dit-il, je rappellerai que les in-« térêts à sauvegarder ici sont d'une nature spéciale. « Le cultivateur est ignorant, et tout est mis en œuvre « pour le tromper ; à peine l'engrais est-il employé, « que la répression devient impossible. Le sol est ap-« pauvri, la richesse publique diminuée, et la fraude fa-« cilitée par l'existence d'une regrettable lacune dans « la législation.

« Mais que la tentative de vente, en matière d'engrais, « soit assimilée à la vente ; que la COMPOSITION CHIMIQUE « ABRÉVIATIVE soit exigible ; que la tromperie sur la « composition soit un délit, et un progrès immense sera « réalisé.

« C'est le vœu de l'Agriculture. »

Chacun doit s'empresser de se conformer à ce vœu ; chaque marchand d'engrais honnête ne doit pas attendre que la législation lui en fasse l'obligation ; il doit lui suffire QUE CE SOIT LE VŒU DE L'AGRICULTURE. Et, d'ailleurs, que craint-il de publier cette composition, si ses engrais sont ce qu'ils doivent être ; s'ils ont une composition riche en phosphate et en azote ? — Chacun est intéressé à ce que l'agriculteur soit éclairé sur la valeur de l'engrais qu'on lui propose. C'est non-seulement le vœu de l'agriculture ; c'est aussi celui de l'industrie vraiment utile, de l'industrie loyale.

Mais il ne suffit pas, pour éclairer suffisamment la question que nous avons posée, de dire que l'objet qu'elle traite a été sujet à des tromperies nombreuses ; nous avons pris à tâche d'y répondre d'une façon plus catégorique, et d'indiquer précisément qu'elles sont les qualités que doivent réunir les noirs dont nous parlons.

A cet égard encore, nous laissons la parole à M. Bobierre qui les définit de la manière suivante : « L'ENGRAIS-« TYPE, dit-il, RÉPONDANT LE MIEUX AUX BESOINS DES DÉFRI-« CHEMENTS DE LANDES, DE L'OUEST ET DU CENTRE DE LA « FRANCE, EST CELUI OU LE PHOSPHATE ENTRE A HAUTE DOSE « ET Y EST JOINT A L'AZOTE. » Cette définition est complète et d'accord avec celle de tous les savants et de tous les praticiens qui ont écrit sur cette matière ; nous n'avons qu'un mot à y ajouter, et encore ce mot-là est-il plutôt une confirmation qu'une addition : C'EST QU'IL EST NÉCESSAIRE QUE, PAR DES SOINS SPÉCIAUX, CES ENGRAIS SOIENT RENDUS ASSIMILABLES. Nous développerons cette pensée un peu plus loin.

Telles sont donc les conditions qu'un cultivateur doit rechercher pour avoir des engrais qui répondent à ses espérances. Voici maintenant les moyens par lesquels il parviendra à se garantir de toute surprise, de toute fraude :

Il devra :

1° S'adresser, de préférence, à une maison connue par sa loyauté dans les transactions commerciales et dans la manière de composer et de livrer les produits de sa fabrication ;

2° Se rendre compte toujours du poids de la marchandise ;

3° Exiger que le marchand lui déclare la composition de ses produits, leur dosage en azote et en phosphate, leur teneur d'humidité, et qu'il garantisse tout cela ;

4° Tenir compte des conditions d'assimilation dans lesquelles se trouvent les produits vendus ; et, comme c'est ici un point essentiel et que l'analyse chimique n'indique pas, il devra se rendre compte du haut degré de division, qui est un des caractères principaux d'assimilation. Mais comme cette condition n'est pas la seule ; sous ce rapport aussi, il devra faire entrer en ligne de considération l'expérience acquise, les résultats obtenus et s'adresser aux maisons de confiance ;

5° Enfin, il devra recourir souvent à l'analyse chimique, qui lui dira si les conditions de garantie qu'on lui a faites ont été réalisées.

Si nous avons insisté si longuement sur ces divers points, c'est que nous les considérons comme étant d'une importance majeure. Cette importance est évidente et est démontrée par les chiffres mêmes que nous avons posés ci-dessus. En effet, nous avons vu que, dans la dépense de 246 francs qu'on est obligé de faire, le noir de première qualité n'y entre que pour 70 francs, ou le phosphate pour 35 francs. Si, comme on l'a vu trop souvent, on achète des noirs de raffinerie ou de sucrerie, dont la composition variable et le grain, plus ou moins fin, ne peuvent donner aucune sécurité, ou, ce qui est pire encore, de ces noirs qui n'ont du noir animal que le nom ; si, enfin, croyant faire une bonne affaire, on obtient par l'emploi de ces noirs, un rabais de 1 à 2 francs à l'hectolitre, la dépense, au lieu de 236 francs, sera réduite à 226; on aura économisé, sur cette dépense, une dizaine de francs; mais, du même coup, on aura perdu de 180 à 200 francs sur le revenu.

En voici la preuve :

Les noirs azotés, de première qualité, assimilables, employés convenablement et sur une bonne lande, rapportent facilement, ainsi que nous l'avons établi plus haut, une récolte, en seigle, de 25 hectolitres à l'hectare, qui produisent, ainsi que nous l'avons dit, tant en paille qu'en grain. . . . . 450 fr.

tandis qu'avec des noirs de provenances diverses, dosant même, comme les premiers, de 55 à 60 p. °/ₒ de phosphate; mais n'ayant pas été traités de façon à être aussi assimilables que les premiers, ne contenant d'ailleurs aucune trace d'azote, on se trouve heureux quand on obtient un rendement de 15 hectolitres de seigle à l'hectare, qui, à 12 francs, produisent. . . . . 180 fr.

Paille, en bloc.	60	250
Économie sur le noir, payé 2 francs de moins à l'hectol.	10	
Différence, perte réelle.		200 fr.

On peut même tomber dans un insuccès complet et tout perdre, si l'on prend de ces matières noirâtres que le charlatanisme offre trop souvent à l'agriculteur plein de confiance, sous l'apparence d'un bon marché, ou avec l'appât, souvent illusoire, d'un crédit illimité.

Le noir, pour être ce qu'il doit être complètement, nous ne saurions trop le dire, doit contenir de 55 à 60 p. °/₀ de phosphate et de 1 1/2 à 2 p. °/₀ d'azote ; il doit peser de 85 à 90 kilogrammes à l'hectolitre et ne contenir que de 20 à 25 p. °/₀ d'humidité ; de plus, il doit être réduit en poudre impalpable, et tellement divisé que la dissolution en soit prompte et l'assimilation facile.

Sa valeur commerciale est de 13 francs l'hectolitre en fabrique.

Il nous est demandé, de loin en loin, par des marchands, par des commissionnaires, et quelquefois même par des agriculteurs, des noirs ordinaires comme on les trouve généralement dans le commerce. Nous continuerons à tenir ces noirs, ne fût-ce que comme terme de comparaison ; mais ils ne sortiront de notre usine que sous la dénomination de NOIRS DE DEUXIÈME QUALITÉ. Ces noirs ont du reste, à peu de chose près, le même dosage en phosphate que ceux de la première qualité, mais ils n'ont reçu aucune préparation spéciale, et ne contiennent pas d'azote (1) ; c'est pourquoi nous les vendons de 1 à 2 fr. de moins que nos noirs de première qualité.

Nous avons appris que quelques-uns de ces noirs ont été revendus comme étant ceux de notre première qualité ; pour mettre, à l'avenir, l'acheteur à l'abri de cette manœuvre frauduleuse, depuis deux ans, tous les paillons contenant le noir de première qualité sont plombés et portent sur la couture, à côté du plomb, une étiquette

(1) Il ne faut pas oublier que l'azote vaut 2 fr. le kilo.

en parchemin, sur laquelle sont imprimés en gros caractères, les mots : PICHELIN FRÈRES, LA MOTTE-BEUVRON.

MM. les Agriculteurs voudront bien faire attention à cette marque distinctive, lorsqu'ils tiendront à avoir les noirs de notre fabrication. Les noirs de la deuxième qualité étant emballés sans plomb et sans étiquette, il n'y aura plus, à l'avenir, possibilité de livrer une qualité pour une autre.

Nota. A la fin de cette Notice, on trouvera : 1° le *Résumé à consulter*, pour toutes les autres conditions de compositions et de vente de tous nos produits, 2° nos *Tarifs* indiquant leurs prix rendus aux gares les plus rapprochées du lieu de leur destination.

VII.

DES PHOSPHATES FOSSILES
OU COPROLITHES.

> Il faut que les agriculteurs le sachent : Sans phosphate, il n'est pas d'agriculture possible.
>
> JAMET.

La question du Phosphate fossile est une question jugée.

Son caractère d'utilité, d'indispensabilité même, démontré par les savants, a été reconnu, et son efficacité, constatée.

Il est sorti de la période des essais pour entrer désormais dans le domaine de la pratique. Son emploi, répandu en Angleterre, déjà depuis plusieurs années, est en voie de se vulgariser en France

Le PHOSPHATE est un des caractères essentiels de la constitution des engrais : toujours on l'a fait marcher de pair avec l'AZOTE. En principe, et pendant longtemps, on ne lui assignait cependant que le second rang ; mais, depuis plusieurs années déjà, en suite des progrès de la science et des révélations qu'elle nous a faites, le phosphate nous apparaît avec toute l'importance du rôle qu'il joue dans la végétation, et vient se placer au premier rang.

Nous ne pouvons suivre ici les savants chimistes-agriculteurs qui, après avoir sondé et pénétré les secrets de la nature, sont venus répandre la lumière sur ces questions si obscures jusqu'à eux : ces avant-coureurs du progrès agricole nous précèdent de trop loin pour que nous ayons la pensée de recueillir, de leurs travaux, autre chose que les résultats de leurs recherches, résultats qu'ils nous ont laissés simples comme la nature même, mis à la portée de notre intelligence, mais tracés avec tant de vérité et tant de conviction qu'ils ne laissent plus aucune place pour le doute.

Ils ont démontré :

Que le phosphate est un élément indispensable à la production des plantes, et plus particulièrement des céréales ;

Que le phosphate prélevé sur les sols cultivés par la succession des récoltes, ne leur est pas restitué en totalité par les fumures ;

Qu'il en résulte, chaque année, une déperdition notable qui amoindrit insensiblement leur fertilité, et les conduit petit à petit à l'épuisement complet de cet agent indispensable de toute production agricole ;

Que c'est à l'absence de phosphate qu'il faut attribuer l'infertilité des terres de landes de l'ouest et du centre de la France ;

Que c'est à l'épuisement du phosphate qu'il faut encore attribuer la stérilité actuelle des contrées jadis si fertiles de l'Asie-Mineure, de la Virginie, du nord de l'Afrique, de la Sicile, etc., autrefois et pendant si longtemps appelées les greniers de l'Italie ;

Que c'est à la même cause qu'il faut attribuer, dans nos terres, même les plus riches, la dégénérescence et les maladies qui frappent un si grand nombre de nos végétaux.

De telles vérités, qui touchaient de si près à l'avenir de notre agriculture, furent dites si souvent, et par des hommes à tous égards si dignes de foi, qu'elles éveillèrent l'attention du monde agricole.

Ce fut dans les os des animaux que l'on trouva d'abord une certaine quantité de phosphate ; mais une telle source était trop faible pour de si grands besoins. Une nation voisine, paraît-il, alla jusqu'à fouiller les champs de bataille de nos guerres en Allemagne, et en exporta, dans une seule année, plus de 30 millions de kilogrammes d'os ; elle alla jusque dans les Indes et en rapporta des cargaisons entières. Mais toutes ces ressources devaient bientôt s'épuiser. Il fallut chercher d'un autre côté. Le règne animal et le règne végétal étant insuffisants, ce fut dans le règne minéral que durent se reporter les investigations.

Elles furent couronnées de succès.

On découvrit, pour ne parler que de la France, dans plusieurs de nos départements, des gisements inépuisables de phosphate fossile, dont l'exploitation doit désormais procurer à notre agriculture les moyens d'augmenter sa production et d'éterniser sa fertilité.

VIII.

DE L'EXPLOITATION & DE LA TENEUR DES PHOSPHATES FOSSILES.

> Je cherche des insuccès dans l'emploi des phosphates fossiles et n'en trouve nulle part.
>
> BOBIERRE.

Quelle que soit l'origine du phosphate, qu'il provienne des os des animaux, du débris des végétaux ou des gisements minéraux et fossiles, l'élément constituant, le principe actif et les effets en sont toujours les mêmes sur la végétation ; dans tous les cas, sa dissolution produit l'acide phosphorique, et c'est sous cette forme qu'il s'incorpore aux plantes en passant par la sève.

La question de savoir si le phosphate des fossiles était susceptible, comme le phosphate des os, de se dissoudre tde s'assimiler, a été agitée ; des expériences nombreuses ont été faites, et les résultats les plus décisifs, qui ont été constatés, ont pleinement résolu la question dans le sens de l'affirmative. Ici, encore, ce sont les plantes qui ont répondu à la question.

Le moyen le plus simple et le plus efficace de rendre

les phosphates dans les meilleures conditions possibles d'assimilation, c'est de les broyer et de les moudre jusqu'à ce qu'ils soient réduits en poudre impalpable ; dans cet état, ils sont plus accessibles à l'action de l'acide carbonique, et se transforment promptement en acide phosphorique au profit de la végétation.

Tout ce que nous avons dit des effets du phosphate des os est donc applicable au phosphate des fossiles.

« Pour rendre au sol de la France la force végétative « qu'elle avait du temps des Celtes et des Gaulois, a dit « Elie de Beaumont, il faudrait que l'exploitation des « couches qui contiennent du PHOSPHATE DE CHAUX devint « UNE DES BRANCHES LES PLUS IMPORTANTES DE L'INDUSTRIE « MINÉRALE. »

La découverte des phosphates fossiles est donc une des plus importantes, au point de vue agricole, qui ait jamais été faite.

S'il nous était permis de parler de nos propres inspirations, ou plutôt si notre opinion pouvait être pour quelque chose en faveur des phosphates minéraux, nous dirions que, dès leur apparition sur la scène agricole, nous avons compris l'importance du rôle qu'ils sont appelés à remplir dans notre économie rurale. Dès le principe, nous avons eu la plus grande confiance dans leur avenir ; et, aujourd'hui, en présence des beaux résultats obtenus depuis quatre ans, avec leur concours, dans les nombreux essais auxquels nous nous sommes livrés, et dans ceux plus nombreux encore que nous avons été à même d'observer dans notre clientèle, et notamment chez MM. Lecouteux, de Béhague, Pinçon, le marquis de Vibray, du Jonchay, etc., qui, depuis plusieurs années, ont ensemencé, avec ce seul engrais, des étendues considérables de céréales sur landes défrichées, qui, toutes, ont répondu à notre attente et à la leur de la façon la plus décisive, la plus concluante; en présence, disons-nous, de si beaux résultats, nous n'avons ni craint ni hésité de consacrer à l'exploitation des phosphates fossiles des capitaux considérables.

A cet effet, nous nous sommes rendus concessionnaires, dans les Ardennes et dans la Meuse, des principaux et des plus riches gisements de phosphates qui soient connus en France; de plus, nous avons acquis tous les chantiers d'extraction et tous les dépôts de MM. Chéry frères, les entrepreneurs et fournisseurs de l'ancienne maison Demolon et Thurneyssen, et nous avons fondé et approprié sur les lieux d'extraction, et à proximité des chemins de fer et des canaux, des usines importantes pour la pulvérisation et le traitement de ces minéraux. En un mot, nous n'avons reculé devant aucun obstacle pour traiter les phosphates avec toute l'importance relative aux immenses services qu'ils sont appelés à rendre à l'agriculture.

Aujourd'hui, l'exploitation des phosphates minéraux a pris une telle extension que nous avons dû la diviser en deux sections : la première, CELLE DES ARDENNES, sous la direction de notre frère AUGUSTE PICHELIN, à l'usine d'Asfeld (Ardennes) ; la seconde, CELLE DE LA MEUSE, sous la direction de M. THIRION, à l'entrepôt et A L'USINE DE RÉVIGNY (Meuse).

Le dosage, dans les gisements de choix que nous exploitons, varie entre 40 et 50 p. °/₀ de phosphate tribasique.

Nous en avons fait deux qualités qui portent :

Ceux de la 1re qualité, de 45 à 50 p. °/ₒ de phosphate.

Ceux de la 2e qualité, de 40 à 44 p. °/ₒ id.

Ces dosages sont, comme ceux de tous nos autres produits, GARANTIS SUR FACTURE ; et les sacs, de 100 kilogr. chacun, sont revêtus d'un plomb portant, au recto : PICHELIN FRÈRES, A LA MOTTE-BEUVRON ; et au verso : PHOSPHATES FOSSILES.

Nous n'exploitons que ceux de ces gisements dont la moyenne répond à ces chiffres-là ; mais, à côté de ceux-ci, il en est d'autres qui ne dosent que de 15 à 25 p. °/ₒ. Or, les phosphates n'ont de valeur qu'autant qu'ils contiennent l'acide phosphorique en assez grande quantité pour être exploitables et fertilisants. Le cultivateur, en achetant ce produit, devra donc, partant de ce principe, s'assurer de son dosage. Si, malheureusement, ces phosphates pauvres étaient introduits dans la culture, et il y a lieu de le craindre, les intérêts du cultivateur en seraient compromis, les phosphates discrédités, et l'agriculture en danger de perdre, de ce fait, l'agent de fertilisation le plus indispensable à la régénération de ses sols appauvris ou entièrement dépourvus de phosphate.

Les phosphates fossiles en poudre sont vendus par notre maison aux cours suivants :

1° par wagon complet de 5,000 kilogrammes :

En gare de Paris-Villette, ou à notre dépôt, quai de Seine, 67, Paris ;

La 1re qualité, 50 fr. les 1000 kilog. ;

La 2e qualité, 45 fr. les 1000 kilog. ;

2° par petite quantité :

à l'usine de La Motte-Beuvron ;

La 1re qualité, 6 fr. 50 c. les 100 kilog.

Les sacs seront payés en sus de ces prix, à raison de 1 franc par 100 kilog., et ne seront repris à aucune condition ; mais le destinataire aura la faculté de les renvoyer FRANCO pour servir à une nouvelle expédition, immédiate à lui-même, moyennant une remise de 25 centimes par sac pour emballage et plombage.

Le transport par wagon complet, depuis Paris-Villette jusqu'à la gare de destination, est aux soins et à la charge du destinataire.

Toutefois, il n'en sera pas de même du transport des petites quantités, ou fractions de wagon, qui s'expédieront exclusivement de la gare de La Motte-Beuvron. Ces expéditions seront faites en port payé par notre maison de La Motte, qui ajoutera les frais du transport au prix facturé à l'usine, et ce, d'après les tarifs les plus réduits des chemins de fer. (VOIR, A LA FIN DE CETTE NOTICE, NOS TARIFS A CET ÉGARD.)

IX.

DE L'EMPLOI DU PHOSPHATE FOSSILE.

> La pratique a établi que les nodules de phosphates de chaux, réduits en poudre fine et exposés quelques mois à l'air sont assimilables par les végétaux.
>
> AD. BOBIERRE,
> 1861, 2e édition, p. 151.

Le phosphate fossile en poudre doit, comme le noir animal, être employé :

A l'état normal.

1° SUR LES DÉFRICHEMENTS, — à la dose de 5 à 600 kil. à l'hectare. — Il y agit d'une façon tout-à-fait analogue au noir animal, et produit des résultats aussi satisfaisants, surtout en première et quelquefois en deuxième année, lorsque le sol est riche en matières organiques acides ; mais nous pensons que, sur les sols maigres, de deuxième ou de troisième année, pauvres en principes azotés, le noir animal AZOTÉ est préférable, attendu qu'il y apporte de l'AZOTE, tandis que le phosphate, qui n'en contient aucune trace, ne peut y apporter que du phosphate sans azote.

2° Sur les vieilles terres en culture, argileuses, schisteuses, siliceuses et granitiques, pauvres ou dépourvues d'éléments calcaires, épuisées de phosphate, — à la dose de 300 kil. à l'hectare ; — alors qu'il s'agit de la production des céréales, à la formation du grain desquelles il est indispensable.

Le mode d'emploi le plus efficace, dans ce cas, c'est de le semer sur le terrain au moment de l'épandage du fumier, ou de le mélanger au fumier dans la cour des fermes, au fur et à mesure de la manipulation des tas. Mais le mieux de tout, c'est, chaque jour, dans les étables, au moment de faire la litière aux bestiaux, d'en saupoudrer les déjections, à raison de 1 kilog. par tête de gros bétail, et de 10 kilog. par 100 têtes de bêtes à laine.

Nous ne saurions trop recommander cette dernière manière de procéder.

De cette façon, on atteint deux résultats précieux : d'abord, on enrichit le fumier de toute la quantité de phosphate ajoutée ; et, ensuite, on fixe l'ammoniaque, c'est-à-dire qu'on l'empêche de s'évaporer en pure perte ; ce mode d'opérer donne le plus riche fumier qu'il soit possible d'obtenir.

3° Sur les prairies artificielles, non marnées, — à la dose de 200 kil. à l'hectare. — Il y produit des effets aussi sensibles que le plâtre, et plus satisfaisants en ce sens, qu'il enrichit les fourrages d'une certaine somme d'acide phosphorique ; les rend, par là, plus nourrissants, et donne lieu, après leur consommation, à des déjections plus fertilisantes.

4° Sur les prairies naturelles, où, quant aux foins, son action est aussi efficace que sur les prairies artificielles ; de plus, il a la faculté d'améliorer la sole des prés, en y donnant naissance aux légumineuses et aux graminées.

Dans aucun des cas qui précèdent on ne doit l'employer, pas plus que le noir animal, concurremment avec la chaux ou avec la marne, l'expérience a démontré que les résultats de leur association sont nuls, ce qui a fait dire qu'ils se neutralisent mutuellement. En voici la raison : le phosphate, quelque divisé qu'il soit, a besoin pour se dissoudre et se rendre assimilable, des agents atmosphériques et notamment de l'acide carbonique ; s'il est employé concurremment avec la chaux, ou avec la marne, celles-ci s'emparent de l'acide carbonique au détriment du phosphate de chaux, et empêchent le phosphate de se dissoudre ; d'où il suit qu'il reste stationnaire dans le sol, y est nul et sans effet tant que ce dernier contient la chaux ou la marne.

Or, s'il s'agit d'un défrichement de landes, par exemple, ou de tout autre terrain dépourvu de phosphate, c'est en vain que l'on y aura apporté l'élément calcaire ; comme il n'y a pas de récolte possible, de céréales surtout, sans phosphate, et que celui ajouté au sol y est paralysé par la présence de la chaux, les récoltes y seront nulles.

Il faut se garder encore d'employer le phosphate naturel dans les sols essentiellement calcaires, le même effet s'y produirait, ou à peu près, et par les mêmes causes.

Cependant, comme ces terres-là ont besoin de phosphate, tout comme les autres, il convient de le leur procurer, non plus, alors, à l'état normal, mais, comme le font les Anglais, depuis déjà si longtemps et avec tant de succès, à l'état du SUPERPHOSPHATE.

Notre usine de La Motte-Beuvron prépare ce produit et l'enrichit à l'aide d'une addition d'acide phosphorique. Elle est en mesure de le livrer à la culture, suivant les besoins de celle-ci ; ce produit se vend en tonnes plombées de 150 kilog. l'une, à l'usine et en gare de La Motte, moyennant 16 fr. les 100 kilog. ; le transport de la gare de La Motte à la gare la plus rapprochée du destinataire, en sus du prix d'achat, à 90 jours sans escompte, ou au comptant 2 p. °/ₒ d'escompte.

Le phosphate fossile, comme tous les engrais pulvérulents doit être semé à la volée, et, autant que possible par un temps humide et calme ; s'il fallait le semer par un temps sec, il serait bon, quelques jours auparavant, de l'imprégner d'un certain degré d'humidité, et, de préférence avec du jus de fumier, afin d'empêcher la poudre de s'envoler au moment du semis.

Quelques personnes ont conseillé de faire entrer le phosphate fossile pulvérisé dans l'alimentation des animaux : nous pensons que son emploi ne doit pas aller jusque-là, et qu'il ne serait pas prudent de le faire. Nous nous faisons un devoir de les prévenir que la santé de leurs bestiaux pourrait même en souffrir.

Enfin, avant de déterminer cet article, nous donnerons ci-après le tableau classificatif des principales récoltes, d'après la quantité de phosphate que chacune d'elles enlève au sol. Nous ajouterons que le phosphate fossile ne perd aucune de ses qualités par son séjour, quelque prolongé qu'il soit, dans les bâtiments, granges, magasins, etc.; qu'il suffit, pour la bonne conservation des sacs, de les vider, et de faire, du phosphate qu'ils contiennent, un dépôt que l'on doit mettre à l'abri du vent et des bestiaux. — Nous engageons même les agriculteurs à avoir toujours chez eux un certain approvisionnement de cet engrais, soit pour le semer en addition de fumure sur leurs récoltes, soit pour le mélanger aux latrines ou aux fumiers de leur exploitation.

TABLEAU DES PRINCIPALES RÉCOLTES

CLASSÉES D'APRÈS LA QUANTITÉ DE **PHOSPHATE** QU'ELLES PRÉLÈVENT SUR LE SOL.

RÉCOLTES.	POIDS des récoltes	PHOSPHATE prélevé.	
	KIL.	KIL.	
1° FÈVES.			
grains . .	3.100	77	107
paille. .	3.100	30	
2° BETTERAVES			
racines.	75.000	84	98
feuilles.	10.000	14	
3° POMMES DE TERRE			
racines.	25.000	51	96
tiges . .	12.000	45	
4° CAROTTES			
racines.	30.000	71	95
tiges . .	8.000	24	
5° NAVETS jaune			
racines.	45.000	65	89
tiges . .	12.000	24	
6° ORGE			
grains .	3.000	60	74
paille. .	4.300	14	
7° AVOINE			
grains .	3.500	54	72
paille. .	4.300	18	
8° FROMENT			
grains .	3.300	53	67
paille. .	4.300	14	

RÉCOLTES.	POIDS des récoltes	PHOSPHATE prélevé.	
	KIL.	KIL.	
9° LUZERNE verte fourrage	30.000	65	65
10° TRÈFLE vert fourrage	37.500	59	59
11° RUTABAGA			
racines.	30.000	40	55
feuilles.	10.000	15	
12° CHOUX récolte .	50.000	52	52
13° SEIGLE			
grains .	2.800	19	50
paille. .	5.000	31	
14° POIS			
grains .	3.100	27	41
paille. .	3.700	14	
15° VESCES vertes fourrage	20.000	34	34
16° PRAIRIES naturelles foin. . .	5.000	34	34

OBSERVATIONS.

La quantité de phosphate à employer à l'hectare est facile à déterminer, d'après les indications ci-contre :

S'agit-il d'une terre dépourvue de phosphate ? il faut en employer, pour commencer, 500 kil. à 59 p. %, car on comprend que les racines des plantes ne vont pas partout et que, pour qu'elles trouvent assez de cet élément, il faut en mettre en excédant. Une fois cette 1re addition faite, il reste à calculer comme suit, et à procéder en conséquence.

Prenons par exemple l'assolement de 5 ans.

1re année,	Betteraves	exigeant phosphate	98 k.
2e —	Froment	— —	67
3e —	Trèfle	— —	59
4e —	— de 2e année.	—	59
5e —	Avoine	—	72
	TOTAL du phosphate prélevé		355 k.

Mais pour suivre cet assolement on a dû fumer à raison de 55 m. cubes à l'hectare, en fumier de ferme de 1re qualité, pesant ensemble 49,086 k. Or, cette fumure ne contient que 195 k. de phosphate pur, différence 160 k., soit 355 k. de phosphate à 45 p. % qu'il faudra ajouter à la fumure, soit qu'on le fasse au moment de la fumure, soit qu'on le fasse partiellement à chaque récolte.

X.

DES ENGRAIS COMPOSÉS, A BASE DE PHOSPHATE & D'AZOTE.

La production raisonnée des engrais artificiels peut transformer l'agriculture en lui fournissant de précieux moyens d'action.

A. BOBIERRE.

(*Point de vue auquel doivent être étudiés les engrais*, p. 56, ch. II.)

Parmi les questions agricoles qui ont le plus mérité de fixer l'attention des hommes de la science et les méditations de ceux de la pratique, il en est une, constamment à l'ordre du jour, qui prime toutes les autres, par l'importance de son objet et par la diversité de ses caractères.

C'est celle qui est relative aux engrais.

De toutes, c'est celle sur laquelle, peut-être, on a le plus dit et le plus écrit ; et, cependant, selon nous, il reste encore beaucoup à dire et plus encore à faire.

Rien n'est plus complexe que cet intéressant sujet d'étude : origine, composition chimique et physique, influence de l'état moléculaire, spécialités des caractères de la matière, applications diverses suivant la différence des sols, résultats sur les récoltes, mode de vente, falsifications, contrôle, répressions, etc.

Rien, cependant, n'est plus important :

L'avenir de l'agriculture est là ; et du progrès agricole dépend la solution de l'une des questions les plus graves de l'ordre social : LA CONSOMMATION.

En effet, nous avons vu dans un chapitre précédent que le problème DE L'ÉQUILIBRE ENTRE LA PRODUCTION ET LA CONSOMMATION caractérise le but de L'AGRICULTURE MODERNE ; mais nous avons vu, en même temps, que les engrais sont les seuls moyens à l'aide desquels il lui sera donné de réaliser cette fin.

« Donnez-moi des engrais ou les moyens d'en faire, a dit un de nos agronomes (1), et je vous ferai de l'Agri-« culture prospère. »

Donc,

A L'AGRICULTURE MODERNE,

IL FAUT DES ENGRAIS MODERNES ;

C'est-à-dire des engrais abondants, riches, assimilables ; en un mot, des engrais appropriés aux besoins nouveaux et plus grands d'une agriculture nouvelle et plus productive.

Tel est le programme de la tâche que nous, fabricants d'engrais, avons à remplir, afin de les lui procurer.

Et maintenant examinons quel est LE TYPE que nous devons chercher à réaliser.

M. A. BOBIERRE (2) le définit de la manière suivante :

« On peut dire avec Dumas, que parmi les moyens « propres à rendre à l'agriculture, tous les produits

(1) Decrombecque de Lens (Pas-de-Calais).

(2) *Le Noir animal*, chap. VIII. *But que doivent se proposer les fabricants d'engrais.*

« essentiels que les plantes ont soustraits au sol, le dernier « mot de la chimie se résume en AMMONIAQUE ET PHOSPHATE « TERREUX. »

M. Boussingault partage la même opinion : « Un en- « grais, pour être complet, dit-il, doit contenir L'AZOTE, « LE PHOSPHATE et les autres sels utiles à la végétation. »

Ainsi, la science a dit son dernier mot :

« AMMONIAQUE OU AZOTE
« et PHOSPHATE TERREUX »

Voilà quels doivent être les caractères essentiels de tout engrais complet.

Cependant, M. Barral va plus loin (1) : « Il ne suffit « pas, dit-il, de s'en tenir à un simple dosage de l'azote « et du phosphate; il faut encore rechercher attentive- « ment la forme sous laquelle ces éléments de tout en- « grais riche se trouvent engagés. En un mot, l'étude « des principes immédiats des engrais, doit maintenant « accompagner les simples dosages élémentaires qui se « faisaient jusqu'à ce jour, dosages qui sont suffisants « dans certains cas ; mais qui sont impuissants à donner « l'explication des effets de tous les engrais.

« On sait que l'une des conditions essentielles de « l'efficacité d'une matière fertilisante, C'EST QU'ELLE SOIT « RAPIDEMENT ASSIMILABLE PAR LES VÉGÉTAUX.

Telles sont les indications de la science : comme on le voit, elle sont unanimes ; et, si on les compare avec les faits constants observés dans la pratique, on y trouve un accord parfait.

(1) *Journal d'Agriculture pratique*, nº du 5 juin 1862.

XI.

RICHESSE & ASSIMILATION DES ENGRAIS.

> Or, pour qu'un corps pénètre dans les organes d'une plante, il faut que la terre le présente aux racines dans un état de solubilité suffisante dans l'eau et dans les sucs qui constitueront la sève.
>
> BARRAL, *Journal d'Agriculture pratique*, 5 juin 1862.

Ce que nous avons dit, au chapitre précédent, de la constitution à donner aux engrais, peut se résumer par ces trois mots :

AMMONIAQUE,

PHOSPHATE,

ASSIMILATION.

Ces trois mots sont suffisants pour caractériser l'idéal de l'engrais recherché, son type et son efficacité.

Parmi ces caractères, les deux premiers représentant les éléments constitutifs de sa RICHESSE. Il est aisé dès-lors de comprendre que plus ces éléments seront abondants dans la matière, plus celle-ci contiendra de richesse en principes fertilisants.

Mais son efficacité sera-t-elle toujours en rapport avec

cette richesse ? — Nullement ; car un engrais peut renfermer des principes de richesses considérables, et ne produire, cependant, sur le terrain et dans la végétation, que des effets insignifiants, si les éléments qui le composent n'y sont pas disposés dans des conditions convenables pour entrer en dissolution, de telle sorte que les plantes puissent promptement se les assimiler.

L'ASSIMILATION rapide est donc pour tout engrais un caractère aussi NÉCESSAIRE que ceux qui constituent sa richesse.

Mais diverses causes peuvent s'opposer à ce que cette assimilation ait lieu dans des conditions convenables. Elles dépendent de circonstances, ou PHYSIQUES, ou CHIMIQUES.

Parmi les premières, les unes se rattachent à l'état de porosité du sol et les autres au degré de division et de désagrégation de la matière fertilisante elle-même.

Les circonstances CHIMIQUES sont la conséquence immédiate des caractères de solubilité dans lesquels se présentent les éléments qui constituent l'engrais.

En effet, QUANT AUX CAUSES DE L'ORDRE PHYSIQUE, DÉPENDANTES DU SOL, nous expliquerons :

1° Que les agents de dissolution résident principalement dans l'atmosphère ;

2° Que, des divers éléments de dissolution qui y sont contenus, le plus actif est l'acide carbonique ;

3° Et que l'air qui circule dans le sol est beaucoup plus chargé de cet élément que celui qui existe dans les couches supérieures.

Nous expliquerons, en outre, que, plus le sol sera divisé et ameubli, plus facilement l'air, ce conducteur des principes dissolvants, circulera dans ce sol; et plus aussi par conséquent il transportera, sur les corps à dissoudre, les éléments nécessaires qui porteront à la racine des plantes la matière fertilisante qui, dissoute liquide, sera facilement absorbée par la végétation, en formera la sève, et passera, de là, dans la constitution, soit de la tige de la plante, soit de son grain, et la végétation sera prospère.

Dans un sol compact, imperméable, insuffisamment divisé par les instruments aratoires, le contraire se produira évidemment; et à l'appui de cette proposition, nous ajouterons en traduisant ici la belle théorie de M. A. Bobierre sur l'influence de l'état moléculaire, que les radicelles végétales ne pénétreront dans un tel sol qu'avec difficulté et avec lenteur; les gaz ne pourront s'y accumuler faute de réservoirs convenables; enfin les conditions de capillarité n'y existeront pas de nature à permettre l'ascension DE CES COURANTS INTERSTITIELS, si nécessaires à la décomposition des principes fertilisants, qui resteront dès-lors à peu près intacts et ne seront, pour la prospérité des végétaux, que d'une action à peine sensible.

Quant AUX CAUSES PHYSIQUES DE L'INEFFICACITÉ DES ENGRAIS, RÉSULTANT DE L'ENGRAIS LUI-MÊME, elles sont d'une déduction plus simple : elles dépendent surtout de l'état de division et de désagrégation dans lequel les corps se trouvent engagés dans la matière. On comprend aisément qu'une fraction d'os, par exemple, ou des débris de poisson, de la grosseur d'une noix vont rester à peu près intacts dans le sol, pendant 20 ans, tandis que, s'ils sont réduits en poudre impalpable, ils acquerront un degré de solubilité, développé en raison même de leur état de division.

Mais, en outre de ces causes DE L'ORDRE PHYSIQUE, il en est d'autres qui sont DU DOMAINE DE LA CHIMIE et que seule celle-ci peut expliquer. Ces causes paraissent résulter principalement des caractères chimiques sous lesquels se présentent les matières fertilisantes, et de leur contact avec certains éléments du sol, qui, réagissant sur leurs combinaisons, opèrent des transformations dans lesquelles la solubilité se trouve, ou paralysée, ou affaiblie.

C'est là l'effet qui se produit, ainsi que nous l'avons expliqué à propos des phosphates minéraux, lorsque l'on emploie des engrais à base de phosphate tribasique sur des terrains calcaires par eux-mêmes, ou qui ont été chaulés ou marnés. Le phosphate alors s'y trouve en contact avec le carbonate de chaux et y devient insoluble, ou à peu près, par suite de l'action prédominante du carbonate de chaux, à s'emparer de l'acide carbonique de l'air ; et l'engrais est alors d'une efficacité insignifiante.

Il est une autre circonstance encore qui pourrait produire, ou à peu près, le même résultat : ce serait le cas où l'on ferait usage d'un engrais à base de phosphate tribasique et d'azote, concurremment avec de la chaux. L'effet suivant se produirait : la chaux VOLATILISERAIT l'azote à l'état d'ammoniaque, en pure perte pour la récolte, avant de se transformer en carbonate de chaux ; puis, sous cette forme, s'emparant, ainsi que nous l'avons dit ci-dessus, avec son avidité caractéristique, de l'acide carbonique, rendrait le phosphate tribasique de l'engrais, insoluble, et celui-ci serait, pour ainsi dire, annulé par la réunion de ces deux circonstances.

XII.

DU GUANO-PHOSPHO-AZOTE ASSIMILABLE DE LA MOTTE.

> Du phosphate déjà SOLUBLE, intimement incorporé, dans de justes doses, avec des matières organiques AZOTÉES, transformables partiellement en AMMONIAQUE, sera plus avantageux à employer que du Guano du Pérou et des sels ammoniacaux ou bien que du phosphate tribasique pur.
>
> BARRAL, *Journal d'Agriculture pratique.*

Nous avons analysé dans le chapitre précédent les principales causes d'insuccès qui peuvent frapper les engrais du commerce malgré leur richesse en principes fertilisants, quelque développée qu'elle soit. Cependant, à côté du mal il y a le remède.

On a pu voir également qu'il n'est pas aussi facile qu'on le croit généralement, de fabriquer des engrais convenables et susceptibles d'être employés avec avantage dans toutes conditions de terrain.

Admettre que chacun peut se livrer à cette fabrication,

serait une grave erreur : pour traiter les engrais concentrés comme ils méritent de l'être, il faut trois choses :

1° En avoir la ferme volonté et les moyens ;

2° Être dans une situation convenable, et avoir les relations nécessaires ;

3° Avoir des connaissances spéciales indispensables.

Hors de là, point de salut.

Pour nous, il y a deux ans déjà que ces diverses questions sont résolues.

Dès l'année dernière nous formulions, quant à l'engrais le plus propre à donner satisfaction aux besoins de notre agriculture, les conclusions suivantes :

Pour être RICHE, un engrais doit contenir, à HAUTE DOSE, LE PHOSPHATE et L'AZOTE, et pour être partout d'une EFFICACITÉ certaine, il faut qu'il contienne ces éléments sous une forme suffisamment SOLUBLE, pour que l'assimilation par les végétaux en soit PROMPTE et FACILE.

Tel est le type que nous croyons avoir réalisé dans la composition actuelle de notre GUANO de LA MOTTE.

En effet cet engrais contient :

AMMONIAQUE, (*représentant* 6 à 7 p. °/₀ *d'azote*) 8 à 9 p. °/₀
PHOSPHATE, (*dont moitié environ est soluble*) 35 à 40 p. °/₀

De plus, il renferme, en quantité suffisante, tous les autres sels utiles à la végétation.

De plus encore, cette composition est FIXE, et nous la garantissons sur facture.

Elle nous permet donc d'appliquer à cet engrais la dénomination caractéristique de

GUANO PHOSPHO-AZOTÉ-ASSIMILABLE DE LA MOTTE.

Enfin, elle est conforme aux prescriptions des hommes

de la science et de la pratique. C'est, de tous les engrais, celui qui répond le mieux aux besoins de l'agriculture et de la végétation, qui, les plantes l'ont dit, se résument par PHOSPHATE ET AZOTE ASSIMILABLES.

Cette parole n'est pas de nous (1) ; mais nous devons la rappeler parce qu'elle renferme une vérité qui devait sortir et qui est sortie éclatante d'évidence des faits les plus constants qui se produisent, chaque jour, dans la pratique agricole. Elle est sanctionnée aujourd'hui par des succès nombreux et concluants.

Dans l'année qui vient de s'écouler, plus de deux millions de kilogrammes de notre guano ont été livrés à la culture dans douze départements, et employés dans les terrains les plus variés, par plus de 2000 cultivateurs. Nous avons eu lieu, dans ces derniers temps, de visiter la plupart de nos clients et de voir les emblaves qu'ils ont faites, l'automne dernier, avec ce guano. Nous avons pu nous convaincre *de visu* que les félicitations que nous recevons de toutes parts n'ont rien d'exagéré : partout les plus belles apparences semblent vouloir dépasser toutes les espérances.

Le GUANO de LAMOTTE peut rivaliser avec le guano du Pérou : il est, pour les récoltes, d'une efficacité au moins aussi grande que ce dernier, il dure le double plus longtemps dans le sol et coûte un quart de moins.

Grâce à l'heureuse combinaison de ses matières organiques AZOTÉES et à son haut dosage en phosphate soluble, sa décomposition est telle qu'elle peut fournir abondamment à la végétation les éléments nécessaires à sa nu-

(1) Boussingault.

trition. Il a, sur le guano du Pérou le mérite de durer autant que la végétation elle-même, et de fournir une paille plus régulière, moins superflue, moins susceptible de verse et une production de grains plus considérables et mieux nourris.

Chacun le sait, le guano du Pérou pousse trop à la paille, au détriment du grain.

Ainsi que nous l'avons dit du phosphate fossile, le guano de Lamotte doit être semé, comme le guano du Pérou, à la volée, et par un temps humide et calme. Il est nécessaire de l'enterrer de suite à la herse, afin que la terre puisse profiter de toute l'action des matières fertilisantes qu'il contient.

La dose à employer à l'hectare est :

pour Blé froment.	350 à 400k.
Seigle	300 à 350
Orge et avoine	150 à 200
Colza	350 à 400
Betteraves	450 à 500
Autres racines	250 à 300
Prairies (naturelles et artific.)	250 à 300

Ce guano peut encore être employé avec succès, en couverture, au printemps, sur les blés ou seigles malvenants, ou n'ayant reçu, en automne, qu'une fumure incomplète ; il se vend par sac, en toile, de 100 kilogr. Chaque sac porte avec soi la composition fixe et garantie de son dosage, et est muni d'un plomb portant la suscription : PICHELIN, FRÈRES, LA MOTTE-BEUVRON.

Son prix, à l'usine ou en gare de Lamotte, est de 28 fr. les 100 kil.

XIII.

DU GUANO DU PÉROU.

> Au prix de 40 fr. le quintal, le guano du Pérou est trop cher pour que l'industrie des engrais ne cherche pas, par tous les moyens possibles, à le remplacer par des engrais moins coûteux et tout aussi riches, par l'azote et les divers sels utiles à nos récoltes.
>
> LECOUTEUX,
>
> L. III, chap. II : *Des engrais.*

Le guano du Pérou est un bon engrais ; mais il coûte trop cher.

L'année dernière, il a fait défaut sur le marché français. Le peu qu'il en restait des années précédentes s'est vendu à des conditions inabordables pour la culture. Aujourd'hui, les nouveaux concessionnaires du gouvernement Péruvien, MM. Thomas Lachambre et Cie, nous promettent de ne point nous en laisser manquer, du moins pour cette année.

Leur prix, dans nos ports, et sous vergues, sont :

pour 10,000 kilog. au moins. 32 fr. 50 c. les 100 kilog.

pour moins de 10,000 kilog. 35 fr. id. »

Au comptant, sans escompte ; c'est-à-dire, en leur

envoyant, ou des fonds, ou des valeurs en couverture à courts jours, en leur remettant la commande.

Telles sont les conditions des nouveaux concessionnaires du gouvernement péruvien. Elles sont peu accessibles à la petite culture ; car le nombre des cultivateurs qui peuvent prendre par 10,000 kilogr. de guano du Pérou et payer comptant, est très-restreint.

Mais examinons un instant quelle est, pour le cultivateur, la valeur réelle de ce prix de 32 fr. 50 c. qui est celui de la Cie Péruvienne, dans les ports et sous vergues.

Admettons un grand propriétaire qui ferait venir 10,000 kilogr. de guano du Pérou ; et recherchons à combien lui reviendront les 100 kilogr. de ce guano au centre de la France. Prenons, pour points de comparaisons, le port de Nantes et la gare de Bourges.

Il paiera : de prix d'achat.	32 fr.	50
Camionnage et frais d'expédition . .	»	30
Transport de Nantes à Bourges . . .	2	25
Frais de change, ou port d'argent, port de lettres, etc.	»	30
Intérêts des fonds pendant 120 jours .	»	75
TOTAL. . .	36 fr.	10

Ainsi, le prix de 32 fr. 50 c. arrive à Bourges à 36 fr. 10 c. ;

Mais si, au lieu d'avoir pris 10,000 kilogr., il n'a cru devoir prendre que 5,000 kilogr. à ce prix de 36 fr. 10 il faut ajouter, pour différence sur le prix d'achat. 2 50

Ce qui le remet tout de suite à . . .	38	60

Recherchons maintenant ce que devient ce chiffre, si, au lieu de s'adresser directement à la Cie Péruvienne, le cultivateur remet ses ordres à un intermédiaire — ce qui arrive le plus souvent. — Oh ! alors, la question est tout autre : il faut, naturellement que cet intermédiaire perçoive son bénéfice ; il comptera donc en première ligne son prix de revient soit . . . . 38 fr. 50

Commissions à ses représentants ou mandataires	1 »
Bénéfice pour lui et ses frais généraux. .	1 »
Total	40 fr. 50

Voilà donc le prix de revient le plus général qu'il soit possible d'obtenir. Mais, qui pourrait garantir qu'en s'adressant à un intermédiaire, le cultivateur n'ait point été trompé ? — Les fraudes sont bien fréquentes en fait de guano du Pérou : elles sont faciles à pratiquer et bien difficiles à reconnaître.

En effet, son prix élevé, dit M. Malaguti a éveillé la « cupidité des fraudeurs qui n'ont pas hésité à intro- « duire dans cet engrais, de la terre jaunâtre, de la bri- « que pilée, de la poudre de tourteaux, etc.

Toutefois, ces fraudes, toutes préjudiciables qu'elles sont pour les intérêts agricoles, ne sont pas celles qui sont le plus à craindre ; car elles peuvent être constatées par l'analyse chimique.

Mais il en est une autre qui est bien plus dangereuse, bien plus généralement pratiquée, qui échappe au contrôle le plus consciencieux, et qu'il importe, par conséquent de signaler.

A cet égard, encore, laissons la parole à l'honorable doyen de la faculté de Rennes, M. Malaguti.

« On sait, dit-il, que le guano du Pérou se vend au « poids : or, le poids de cet engrais peut singulièrement « augmenter par une simple absorption d'eau. Cent « kilogrammes de guano ordinaire PEUVENT FACILEMENT « ABSORBER 12 à 15 KILOGRAMMES D'EAU, sans subir au- « cun changement appréciable autre que celui du poids. « Il est rare qu'un bon guano du Pérou renferme plus de « 15 p. °/₀ d'eau ; mais il n'est pas extraordinaire que ce « même guano, qui aurait été gardé dans une cave hu- « mide, ou qui aurait été humectée exprès, en contienne « le double ; et, comme la déclaration de la teneur en « azote et en phosphate, faite par le vendeur, a trait à la « marchandise sèche, il en résulte que, tout en fraudant, « le vendeur échappe à la surveillance du contrôle. »

Cependant, cette fraude est commune aujourd'hui ; et, ainsi que nous allons l'établir, elle augmente singulièrement le prix normal, déjà trop élevé, de la marchandise.

En effet, le cultivateur qui achète 100 kilogr. ainsi traités, achète en même temps 15 kilogr. d'eau en dehors de la teneur ordinaire du guano, qu'il paie comme guano à raison de 40 fr. les 100 kilogr. ou 0 fr. 40 c. le kilogr. soit 6 fr.

Il en résulte évidemment que, pour ses 40 francs, il n'a réellement que pour 34 francs de matières fertilisantes ; car nous ne pouvons admettre que les 15 kilogr. d'eau ajoutés frauduleusement valent 6 francs.

Cela remet tout simplement le guano à 46 francs les 100 kilogr.

Encore une fois c'est trop cher.

Il est vrai que le vendeur, dans ce cas, pourra se montrer de bonne composition ; et, qu'au lieu de vendre son guano 40 francs, il lui sera facile de le céder à 35, 36 ou 38 francs.

Et cependant, encore le cultivateur sera-t-il dupé !

C'est bien le cas de répéter avec M. A. Bobierre, dans ses CONSEILS AUX CULTIVATEURS : « MÉFIEZ-VOUS de ces engrais à bon marché ; trop souvent ils n'ont du bon « marché que la trompeuse apparence ! »

Nous offrons volontiers notre intermédiaire aux cultivateurs. Nous leur livrerons le guano du Pérou, en gare de Nantes par 5,000 kilogr. aux mêmes conditions que la Cie Péruvienne par 10,000 kilogr. ; c'est-à-dire à 32 fr. 50 les 100 kilogr. au comptant, sans escompte, tous les frais à leur charge, moyennant une provision de 3 p. %. Les expéditions seront faites directement des navires ou des entrepôts de la Cie Péruvienne.

Quant aux demandes relatives aux quantités moindres que l'on voudra bien nous confier, nous les expédierons de la gare de La Motte, à raison de 40 francs les 100 kilog. Ces expéditions seront faites en franchise de port jusqu'à la gare la plus rapprochée du lieu de destination, et nous ajouterons le transport au prix de facture à La Motte.

XIV.

DE L'ENGRAIS DES VIGNES

A BASE DE POTASSE, D'ACIDE PHOSPHORIQUE DE MAGNÉSIE & DE SOUFFRE.

La préparation, l'aménagement et le bon emploi des engrais sont les bases sur lesquelles l'agriculture repose.

PAYEN, M. de l'Institut.

Jusqu'ici, nous nous sommes occupés des végétaux qui sont l'objet de la culture proprement dite des champs, et des engrais qui leur conviennent.

Il s'agit maintenant d'une plante, qui, par ses caractères distinctifs, par l'organisme de sa constitution et de sa récolte, par la spécialité et la diversité des besoins qui en découlent, diffère essentiellement des autres végétaux que nous avons examinés jusqu'ici.

La vigne est donc une plante à part, ayant des exigences spéciales, auxquelles on ne peut pourvoir que par des soins en rapport avec ses besoins et par des matières fertilisantes également spéciales.

Voilà pour la vigne dans son état normal. La question

est déjà fort importante, considérée à ce premier point de vue ; mais cette importance devient bien plus grande, si, à ces diverses considérations d'un ordre majeur, on ajoute celles qui résultent des maladies, qui, depuis dix ans, ont envahi cette plante dans tant de localités, et sévissent sur ce végétal d'une façon si persistante.

Cette dernière circonstance complique singulièrement le problème déjà si complexe par lui-même, de ce qui touche aux divers caractères de la vigne, aux besoins qui en naissent et aux moyens d'y suffire.

Cependant, comme toutes les autres, cette plante obéit aux lois de la physiologie végétale qui prescrivent :

1° De rendre au sol et à la plante les éléments que la végétation et la récolte en ont distraits.

2° De rétablir, par l'apport d'engrais judicieux, l'équilibre des facultés végétatives du sol, lorsqu'il aura été dérangé par une culture épuisante, dérangement qui se manifeste par les maladies qui atteignent les végétaux.

Il importe donc de reconnaître, en principe, quelles sont les matières minérales qui entrent dans la constitution du végétal, au point de vue chimique.

Ce n'est plus dès-lors qu'une simple question d'analyse.

Il nous restera ensuite à consulter l'expérience des faits ; et, de la comparaison des résultats divers qui se produisent dans la végétation, sous l'influence des conditions de sol, de climat et d'engrais, nous pourrons en tirer des conséquences qui nous feront connaître celles de ces conditions les plus favorables à la prospérité de la végétation.

Au point de vue chimique, l'analyse nous enseigne que chaque récolte enlève au sol, par hectare de vigne, les matières minérales suivantes :

	kil. gr.	
Potasse	16. 420	41 k. 430 gr.
Soude.	100	
Chaux.	12. 490	
Magnésie.	3. 240	
Acide phosphorique	7. 250	
Acide sulfurique.	1. 930	

Tels sont les éléments minéraux qu'il faut restituer au sol par l'apport d'engrais convenables, si l'on veut prévenir un état d'épuisement tel, que la plante, n'y trouvant plus les éléments nécessaires à la constitution de sa végétation annuelle et de sa récolte, ne pourra plus produire qu'une végétation INCOMPLÉTEMENT CONSTITUÉE, par conséquent accessible à toutes les maladies.

Cependant, l'idée de fumer les vignes a eu ses détracteurs, comme celle de ne point les fumer, ses défenseurs.

Dans le premier cas, suivant les uns, c'était provoquer une végétation ligneuse surabondante aux dépens de la santé même de la plante ; et, quant à la récolte, une quantité aux dépens de la qualité. — Dans le second cas, suivant les autres, c'était, ainsi que nous l'avons déduit ci-dessus, courir au devant d'un épuisement infaillible, pour protéger la qualité d'une quantité insignifiante.

L'idée d'appliquer des engrais à la vigne n'eût point été ainsi sujette à tant d'obstacles et de controverses, si l'on n'avait pas confondu ses exigences avec celles des autres végétaux, et si l'on ne lui eût appliqué que les engrais qui lui convenaient ; en un mot si l'on eût compris plutôt la pensée que nous avons développée plus haut ; à savoir :

Qu'à une plante SPÉCIALE, il faut des engrais SPÉCIAUX, en rapport avec ses caractères, en rapport avec ses besoins.

En effet, c'est que les partisans eux-mêmes de la culture de la vigne SANS FUMIER, reconnaissaient que les débris de la végétation et de la récolte de la plante appliqués en fumure étaient d'une grande efficacité, et ne présentaient aucun inconvénient. Mais que cette ressource, hélas, était insignifiante !

Cependant, là est le vrai, le vif de la question. Qu'est-ce à dire, en effet, QUE CETTE EFFICACITÉ SANS INCONVÉNIENT ? sinon l'application de cette grande vérité physiologique : RENDRE AU SOL LES ÉLÉMENTS QUI EN ONT ÉTÉ DISTRAITS PAR LA RÉCOLTE, en quantité suffisante et sous une forme soluble.

C'est en vertu de ces principes et en connaissance des éléments chimiques, que nous avons composé notre ENGRAIS DES VIGNES ; il contient d'après ces données et sur des bases proportionnelles convenables, toutes les matières minérales utiles au développement de la vigne et de sa récolte.

Il dose : Acide phosphorique. . . 9 00 pour 100.
Potasse. . . . . 6 60 id.
Acide sulfurique combiné. 6 65 id.
Magnésie . . . . 4 25 id.
Azote . . . . 2 10 id.

Il contient, en outre, toutes les matières sulfureuses et alcalines, nécessaires comme principe de restitution ; il renferme donc tous les caractères NÉCESSAIRES pour en faire UN ENGRAIS HORS LIGNE ET UNIQUE DANS SON GENRE.

Mais là ne s'arrête pas son efficacité, il contient, en outre, et en vertu du second principe de physiologie végétale ci-dessus rappelé, les éléments préservatifs et curatifs les plus énergiques et les plus propres à rétablir l'équilibre de fertilité dérangée, et, en s'incorporant à la plante d'une façon rationnelle, à combattre la maladie dans ses causes, et à la détruire dans ses effets.

Appliqué dans un état de solubilité convenable, il arrive facilement à la racine du végétal, passe dans ses organes à l'état de sève, lui fournit une constitution saine et robuste, et, par là, le met à l'abri de toute végétation cryptogamique, qui, atteinte dans son origine, se trouve ainsi détruite dans ses principes et dans sa source.

Quoique nouveau, cet engrais a déjà rendu de grands services, qui nous permettent aujourd'hui de le recommander à la viticulture.

De grands succès lui sont réservés.

400 kilogr. suffisent à l'hectare pour constituer une

fumure suffisante pour deux années. Il se sème depuis le mois de novembre jusqu'au moment de la pousse des bourgeons. On peut encore le semer, avec succès, en juin et juillet, à l'époque des binages. Il doit, dans tous les cas, être immédiatement enterré et mélangé au sol qui environne les racines.

Son prix, à l'usine de La Motte, est de 26 fr. les 100 kilogrammes.

XV.

CONCLUSIONS.

Qui fait bien, trouve bien.

X****

Nous sommes heureux de pouvoir constater, avant de terminer cette opuscule, que, durant l'année qui s'est écoulée, depuis l'apparition de sa première édition, nous avons été honorés, de la part des hommes les plus sérieux, dont les noms sont les plus marquants dans les annales de la science et de l'agriculture, des témoignages les plus distingués et les plus flatteurs pour nous.

Nous y avons été sensibles, et nous venons leur en témoigner ici toute notre gratitude.

Nous n'oublierons pas, dans notre reconnaissance ces nombreux cultivateurs, d'un ordre plus modeste, qui s'adressent à nous les yeux fermés, et remettent entre nos mains la réalisation de leurs espérances, et quelquefois le sort de leur avenir.

Tous ont droit à nos remerciments, pour la confiance dont ils nous honorent et pour la faveur qu'ils accordent aux produits de notre fabrication.

C'est à eux que nous devons l'extention toujours croissante de nos relations et l'importance de notre maison.

Cependant, de nouvelles récompenses sont venues encore faire ressortir le mérite de nos produits, dans les grands Concours où nous nous sommes présentés : partout ils ont été primés : aux médailles d'or et d'argent que nous avions déjà reçues aux Concours généraux et régionaux de PARIS, BLOIS, CHATEAUROUX, ORLÉANS, POITIERS et NANTES, sont venues se joindre celles du Concours régional de BOURGES et du COMITÉ CENTRAL DE LA SOLOGNE, et, tout récemment, la médaille d'or, 1er prix, au Concours régional de DIJON.

Mais, nous le répétons, si ce sont là des titres à la confiance que nos produits doivent inspirer, nous n'oublierons pas que, pour nous, ce sont des témoignages qui nous obligent et des encouragements qui doivent nous stimuler dans la voie où nous sommes entrés, et nous porter à bien faire.

Nous n'y faillirons pas : aucun produit ne sortira de nos usines sans avoir été analysé et reconnu conforme aux types que nous annonçons dans nos notices et dans nos circulaires, et que nous garantissons sur nos factures.

Nous continuerons à attacher la même importance que par le passé à ne fournir aux agriculteurs que des produits d'une efficacité éprouvée. Nous n'ignorons pas que de leurs succès dépendent les nôtres.

Et puis, il faut bien qu'on le sache, n'eussions-nous pas un intérêt aussi immédiat, qu'il en serait encore ainsi : Entre le cultivateur, fabricant de récoltes, et nous, fabricants d'engrais, n'existe-t-il pas cette communauté de vue, cette similitude d'intérêts, et surtout cette solidarité morale qui nous lient et nous rattachent tous à la même cause ? Et, de plus, ne sommes-nous pas, les uns et les autres, des membres de cette grande famille nationale qu'on appelle L'AGRICULTURE MODERNE, marchant sous le même drapeau, travaillant à la même œuvre, poursuivant le même but : LA PROSPÉRITÉ GÉNÉRALE PAR LA PRODUCTION AGRICOLE ?

XVI.

RÉSUMÉ A CONSULTER.

La composition de tous nos produits est garantie.

Le dosage de chaque engrais est pris sur la matière desséchée à 104 degrés.

Il est reproduit en tête de toutes nos factures.

Conditions de paiements:

90 jours sans escompte, en nos traites sur l'acheteur, ou au comptant avec 2 p. °/₀ d'escompte.

NOIR ANIMAL AZOTÉ, 55 à 60 p. °/₀ de phosphate de chaux : 1 1/2 à 2 p. °/₀ d'azote. — Prix : 13 fr. l'hectolitre, à l'usine.

Cette sorte contient environ 25 p. °/₀ d'humidité, sauf les variations atmosphériques qui peuvent plus ou moins modifier cette approximation.

NOIR VIERGE, en poudre très-fine, 72 à 75 p. °/₀ de phosphate. — Prix : 20 fr. l'hectolitre, à l'usine.

Celui-ci, très-hygrométrique, contient toujours l'humidité de l'atmosphère, laquelle varie de 5 à 10 p. °/₀.

PHOSPHATE FOSSILE, par wagon complet de 5.000 kilogrammes :

1re Qualité, 45 à 50 p. °/₀ de phosphate, 5 fr. les 100 kilog.	A notre entrepôt, quai de Seine, 67, à Paris.
2e Qualité, 40 à 44 p. °/₀ de phosphate, 4 fr. 50 les 100 kilog.	

PHOSPHATE FOSSILE, par quantité au-dessous de 5.000 kilogrammes :

La 1re qualité seulement, 6 fr. 50 les 100 kil., à l'usine et en gare de La Motte-Beuvron.

Les sacs seront payés en sus de ces prix, à raison de 1 fr. par 100 kilog. — Ils ne seront repris à aucune condition, mais le destinataire aura la faculté de se servir de ces sacs pour faire emballer de nouvelles expéditions immédiates à lui-même, moyennant une remise de 25 centimes pour emballage et plombage.

SUPERPHOSPHATE, ou phosphate en partie soluble. — Prix : 16 fr. les 100 kilogr., à l'usine de La Motte-Beuvron.

Ce produit convient admirablement aux terrains calcaires par eux-mêmes ou qui auraient été chaulés ou marnés ; c'est ce produit qui donne de si beaux résultats en Angleterre depuis plusieurs années, et qui, expérimentés en France, depuis un an dans notre clientèle, a donné des résultats des plus satisfaisants. Ce produit est enrichi à l'aide de l'acide phosphorique que nous y ajoutons.

GUANO DE LA MOTTE, 6 à 7 p. 100 d'azote, 35 à 40 p. °/₀ de phosphate. — Prix : 28 fr. les 100 kilogr., à l'usine et en gare de La Motte-Beuvron.

Cet engrais contient, comme toutes les matières sèches, environ 12 p. °/₀ d'humidité ; c'est, comme il est dit plus haut, desséché à 104 degrés, qu'il contient cette teneur.

GUANO DU PÉROU, provenant directement du gouvernement Péruvien. — Prix : 32 fr. 50 c. les 100 kilogr. (1), au comptant, sans escompte, par quantités

(1) Ces conditions sont celles de la Cie Péruvienne, notre provision de 3 °/₀ en sus ; nos prix, quant au Guano-Baker, sont également ceux de l'agence centrale de l'importeur, W.-H. Webb, de New-Yorck.

de 5.000 kilogr. au moins, sur navires ou dans les magasins de la Cie Péruvienne, — commission en notre faveur, 3 p. °/o — frais d'expédition et de transport à la charge et sous la responsabilité du destinataire.

Pour les quantités inférieures à 5.000 kilogrammes, les expéditions s'en feront de la gare de La Motte-Beuvron, au prix de 40 fr. des 100 kilogr. Le transport sera compté en sus de ce prix, depuis la gare de La Motte jusqu'à celle de destination, à 90 jours, sans escompte, ou au comptant, sous 2 p. °/o d'escompte.

GUANO BAKER. — Le Guano de l'île Baker se vend en sacs ou en barils plombés, avec cette marque : GUANO DES ILES BAKER, — IMPORTÉ PAR W.-H. WEBB. — Les consommateurs qui désireraient économiser le prix d'emballage, recevront le guano en vrac, s'ils en font la demande.

Prix, dans l'un des ports de Nantes ou Bordeaux : pour 10.000 kilogrammes et plus, sans emballage, 20 fr. 60 par 100 kilogr. — En sacs ou barils plombés, 21 fr. 60 les 100 kilogr. — Pour moins de 10.000 kilogr., en sacs ou barils plombés, 24 fr. par 100 kilogr. — Paiement au comptant, sans escompte. — Transports à la charge du destinataire, depuis le port d'importation le plus proche.

Pour les petites quantités, à l'usine et en gare de La Motte-Beuvron, 26 fr. les 100 kilogr. — Le transport de La Motte à la gare la plus rapprochée du destinataire, en sus du prix d'achat.

Nous expédions pour toute la France et l'Etranger, en ajoutant, aux prix ci-dessus fixés, les frais de transport depuis la gare de La Motte jusqu'à celle la plus rapprochée du destinataire.

Toutefois, et par exception, les Phosphates fossiles, par wagons complets de 5. 000 kilogr. au moins, sont vendus exclusivement de notre entrepôt, quai de Seine, 67, à Paris, et le transport depuis l'entrepôt doit s'effectuer aux frais et aux soins du destinataire, qui en acquittera le montant en enlevant la marchandise (VOIR LE TARIF n° 1, CI-APRÈS).

Nous ne saurions trop engager MM. les Agriculteurs à faire analyser les engrais que nous leur garantissons. En même temps qu'ils seront fixés sur la valeur de l'achat qu'ils auront fait, ils pourront rendre un véritable service à l'agriculture et à l'entreprise que nous avons fondée, en propageant la valeur des produits auxquels nous donnons tous nos soins, et pour lesquels nous prenons les plus grandes précautions afin de donner toute satisfaction à l'acheteur.

Les engrais azotés étant exposés à subir des pertes par l'effet des influences atmosphériques, on comprendra que les analyses de vérification doivent être faites sur échantillons recueillis dans un délai après lequel il ne serait plus équitable de rendre l'expéditeur responsable. Par ces motifs nous avons décidé qu'aucune réclamation ne sera admise si elle n'est faite directement A L'USINE, dans la huitaine qui suivra la réception des engrais; et si, contre toute attente, ce qui, selon nous n'est pas possible, une vérification faite régulièrement et contradictoirement, dans le délai précité, amenait une différence en moins, sur la composition garantie, nous tiendrions compte à l'acheteur de cette différence, dans la proportion et au prorata du prix vendu.

En un mot, nous voulons donner à l'acheteur toute sécurité, toute garantie possible : telle a été et telle sera toujours notre manière de faire vis-à-vis des personnes qui voudront bien nous honorer de leur confiance.

La Motte-Beuvron, le 1er mai 1893.

PICHELIN Frères.

FIN

N° 1. PHOSPHATES FOSSILES.

TARIF DES TRANSPORTS DE PARIS-VILLETTE aux stations suivantes.

Ligne	PAR WAGON DE 5,000 KILOS.	PRIX des 1000 k
Paris à Limoges et Montluçon, *ligne du Centre.*	Étampes	5 70
	Orléans	9 »
	Lamotte-Beuvron	10 85
	Vierzon	13 »
	Issoudun	13 »
	Châteauroux	13 50
	Chabenet	14 55
	Argenton	14 75
	La Souterraine	16 60
	Limoges	
	Périgueux	16 »
	Brives	22 95
	Bourges	13 »
	Saint-Amand	14 05
	Vallon	15 10
	Montluçon	15 95
Paris à Nantes, St-Nazaire et embranchements.	Beaugency	10 25
	Blois	11 85
	Amboise	13 »
	Tours	13 »
	Saumur	14 75
	Angers	16 55
	Nantes	19 »
	St Nazaire	20 15
	Château-du-Loir	14 20
Paris à La Rochelle et Bordeaux.	Ste Maure	13 55
	Port-de-Pille	14 05
	Châtellerault	14 95
	Poitiers	16 25
	Civray	18 35
	Ruffec	18 90
	St Maixent	18 40
	La Rochelle	19 65
	Rochefort	19 55
	Angoulême	19 »
	Coutras	» »
	Bordeaux	23 20

N° 1. **SUITE DU TARIF**

Applicable aux transports des Phosphates fossiles.

	PAR WAGON DE 5,000 KILOS.	PRIX des 1000 k[os]
Paris à Lyon, par la Bourgogne.	Brunoy	6 10
	Lieusaint	6 90
	Melun	8 »
	Montereau	9 30
	Sens	10 10
	Joigny	11 70
	Tonnerre	14 30
	Dijon	20 20
	Auxonne	21 80
	Châlons-sur-Saône	23 60
	Mâcon	26 50
	Lyon-Vaise	» »
Paris à Lyon et embranch[ts], par le Bourbonnais.	Montargis	10 30
	Gien	12 20
	Cosne et Sancerre	14 20
	Nevers	17 10
	Moulins-sur-Allier	20 10
	Roanne	25 50
	St Etienne	31 10
	Rive-de-Gier	31 10
	Lyon-Perrache n. 2	» »
	Auxerre	13 20
	Gannat	23 40
	Riom	24 70
	Clermont-Ferrand	25 40
	Issoire	27 10
	Brioude	27 30
Ouest. Paris à Rouen, le Hâvre, Cherbourg et embranch[ts].	Mantes	6 25
	Rouen	8 »
	Yvetot	
	Le Hâvre	11 »
	Dieppe	11 »
	Fécamp	11 35
	Evreux	8 40
	Bernay	
	Caen	12 15
	Valognes	16 75
	Cherbourg	17 »
	Honfleur	12 30
	S[t] Lô	15 55

N° 1. **SUITE DU TARIF**

Applicable aux transports des Phosphates fossiles.

	PAR WAGON DE 5,000 KILOS.	PRIX des 1000 k°
Ouest. Paris au Mans, Rennes et embranchements.	Chartres	3 50
	Nogent-le-Rotrou	10 45
	Le Mans	11 44
	Sablé	13 35
	Laval	16 »
	Rennes	18 »
	Redon	17 50
	Vannes	22 »
	Lorient	24 »
	Alençon	13 65
	Argentan	15 40
	Falaise	16 60

NOTA. Les prix ci-dessus étant susceptibles d'être modifiés par les Compagnies, nous ne pouvons les donner qu'à titre de renseignements, sous toutes réserves pour l'avenir.

N° 2.

TARIF

des

ENGRAIS DE PICHELIN Frères

de LA MOTTE-BEUVRON (Loir-et-Cher)

Rendus franco aux stations suivantes,

PAYABLES A 90 JOURS, OU 2 P. % D'ESCOMPTE AU COMPTANT.

NOMS DES STATIONS.	NOIR AZOTÉ 1re qualité. l'hectol.	GUANO de La Motte les 100 kos	PHOSPHATE fossile. les 100 kos
La Motte-Beuvron	13 »	28 »	7 50
Salbris	13 30	28 50	7 85
Vierzon	13 50	28 50	8 10
Bourges	13 75	29 »	8 40
Saincaize.	14 »	29 »	9 »
Nevers	14 »	29 »	9 10
Pougues	14 50	30 »	9 20
La Charité.	14 50	30 »	9 35
Cosne	14 75	30 50	9 65
Neuvy-sur-Loire	15 »	30 50	9 80
Gien	15 »	30 50	10 00
Montargis	15 »	30 50	10 45
Vierzon	13 50	28 50	8 10
Marmagne	13 75	29 »	8 30
Châteauneuf-sur-Cher	13 75	29 »	8 60
St Amand-Montrond	14 »	29 »	8 50
Vallon	14 »	29 »	9 10
Montluçon	14 »	29 »	8 50
Villefranche	14 30	29 50	9 25
Tronget.	14 30	29 50	9 50
Moulins-sur-Allier	14 50	30 »	9 »
St Germain-des-Fossés	15 »	30 »	10 »
La Palisse	15 »	30 »	10 25
Roanne	15 50	31 »	10 25
Lyon.	15 50	31 »	11 20
Mâcon	16 »	31 »	11 20

N° 2. **Suite du TARIF DES ENGRAIS.**

NOMS DES STATIONS.	NOIR AZOTÉ. 1re qualité. l'hectol.	GUANO de LA MOTTE les 100 kos.	PHOSPHATE fossile. les 100 kos.
St Germain-des-Fossés. . . .	15 »	30 »	10 »
Gannat	15 »	30 »	10 25
Clermont-Ferrand	15 50	31 »	10 25
Issoire	15 50	31 »	10 50
Brioude.	15 50	31 »	11 »
Vierzon.	13 50	28 50	8 10
Issoudun	13 75	29 »	8 50
Châteauroux	14 »	29 »	8 »
Chabenet	14 »	29 »	8 50
Argenton	14 »	29 »	8 50
Eguzon	14 50	29 50	8 50
La Souterraine	14 40	30 »	9 »
Limoges	14 50	30 »	8 50
Thiviers	15 »	30 50	9 30
Périgueux	15 »	30 50	9 75
Brives	15 »	31 »	10 75
Coutras.	15 »	31 »	10 75
Libourne	15 »	31 »	11 »
Bordeaux	15 »	31 »	11 25
La Ferté-St-Aubin	13 30	28 50	7 80
Orléans.	13 »	28 50	7 50
Beaugency	13 30	28 50	7 85
Mer	13 30	28 50	7 90
Blois.	13 50	29 »	8 10
Amboise.	13 75	29 »	8 40
Tours	14 »	29 50	9 »
Ste Maure	14 »	29 50	9 30
Port-de-Pille	14 »	29 50	9 50
Châtellerault	14 »	29 50	9 70
Poitiers.	14 50	30 »	10 »
Civray	14 50	30 »	10 35
Ruffec	14 50	30 »	10 70
Angoulême.	15 »	30 »	11 15
Poitiers.	14 50	30 »	10 »
St Maixent	14 50	30 »	10 60
Niort.	14 50	30 »	10 80

N° 2. **Suite du TARIF DES ENGRAIS.**

NOMS DES STATIONS.	NOIR AZOTÉ. 1re qualité. l'hectol.	GUANO de LA MOTTE les 100 kos.	PHOSPHATE fossile. les 100 kos.
La Rochelle	15 »	30 50	11 50
Rochefort	15 »	30 50	11 50
Tours	14 »	29 50	9 »
Cinq-Mars	14 »	29 50	9 25
Port-Boulet	14 25	30 »	9 50
Saumur	14 25	30 »	9 65
Angers	14 50	30 »	9 80
Ancenis	14 50	30 »	9 25
Nantes	15 »	30 »	8 50
St Nazaire	15 50	30 »	9 50
Tours	» »	29 50	» »
Château-du-Loir	» »	30 »	» »
Le Mans	» »	30 »	» »
Laval	» »	30 »	» »
Rennes	» »	30 »	» »
Orléans	» »	28 50	» »
Toury	» »	29 »	» »
Angerville	» »	29 »	» »
Monnerville	» »	29 »	» »
Étampes	» »	29 »	» »
Paris-Ivry	» »	29 »	» »
Lieusaint	» »	30 »	» »
Montereau	» »	30 »	» »
Sens	» »	30 »	» »
Dijon	» »	30 50	» »
Châlons-sur-Saône	» »	31 »	» »

TABLE DES MATIERES.

Orléans, imp. CHENU, rue Croix-de-Bois, 21.

www.ingramcontent.com/pod-product-compliance
Ingram Content Group UK Ltd.
Pitfield, Milton Keynes, MK11 3LW, UK
UKHW021601260726
13993UKWH00002B/978

9 782329 249636